中等职业教育课程改革规划新教材

金属加工与实训
（钳工实训）

朱仁盛　王卫清　主编

陆东明　申倚洪

封　琥　李淑宝　参编

葛金印　主审

电子工业出版社

Publishing House of Electronics Industry

北京·BEIJING

内 容 简 介

本书是中等职业教育课程改革规划新教材之一。编者根据教育部新一轮职业教育教学改革成果——《中等职业学校金属加工与实训教学大纲》中钳工实训的要求，参照钳工相关国家职业标准及有关行业的职业技能鉴定规范编写了本教材。本书从理实一体化的角度出发，结合项目教学法，介绍了钳工技术基础常识、划线、锯削、锉削、钻削、攻螺纹与套螺纹以及钳工综合训练共7个单元内容。本书可作为中等职业学校机械类专业及工程技术类相关专业的一门基础技术训练课程教材，也可作为相关行业的岗位培训教材及有关人员的自学用书。

图书在版编目(CIP)数据

金属加工与实训. 钳工实训/朱仁盛，王卫清主编 . —北京：电子工业出版社，2010. 7
中等职业教育课程改革规划新教材
ISBN 978-7-121-10767-2

Ⅰ. ①金… Ⅱ. ①朱…②王… Ⅲ. ①金属加工—专业学校—教材②钳工—专业学校—教材 Ⅳ. ①TG

中国版本图书馆 CIP 数据核字(2010)第 075094 号

策划编辑：白　楠
责任编辑：夏平飞
印　　刷：北京虎彩文化传播有限公司
装　　订：北京虎彩文化传播有限公司
出版发行：电子工业出版社
　　　　　北京市海淀区万寿路 173 信箱　邮编 100036
开　　本：787×1092　1/16　印张：6.25　字数：160 千字
版　　次：2010 年 7 月第 1 版
印　　次：2024 年 8 月第10次印刷
定　　价：11.00 元

凡所购买电子工业出版社图书有缺损问题，请向购买书店调换。若书店售缺，请与本社发行部联系，联系及邮购电话：(010) 88254888，88258888。

质量投诉请发邮件至 zlts@phei.com.cn，盗版侵权举报请发邮件至 dbqq@phei.com.cn。

本书咨询联系方式：(010) 88254592，bain@phei.com.cn。

前　言

本书是根据教育部最新编制的《中等职业学校金属加工与实训教学大纲》总体要求,结合实训模块中《钳工实训》的具体内容要求编写的。本书是中等职业学校机械类专业及工程技术类相关专业的一门基础技术训练课程。它是《金属加工与实训》这门学科的实训分册,其主要任务是:使学生掌握钳工加工工艺知识和技能;培养学生分析问题和解决问题的能力,具备继续学习其他专业技术的能力;培养其在机械类专业领域的基本从业能力;注意培养学生良好的职业道德和职业意识,形成严谨、敬业的工作作风,为今后解决生产实际问题和职业生涯的发展奠定基础。

本书来源于中、高等职业学校教学工作一线骨干教师和学科带头人,通过社会调研,对劳动力市场人才需求分析和相关课题研究,在企业有关人员积极参与下,考虑到中等职业学校机械类专业及工程技术类相关专业的学生的基础情况,以及本课程教学大纲中要求学生应该具备的基本技能,考虑到所给的学时总数,再参考国家劳动和社会保障部最新颁布实施的《国家职业标准》的要求;努力贯彻教学改革的精神,力争为教学质量的提高和技能型人才培养目标的培养提供基础保障。

本书是中等职业教育课程改革规划新教材之一,本书从理实一体化的角度出发,结合项目教学法,介绍了钳工技术基础常识、划线、锯削、锉削、钻削、攻螺纹和套螺纹以及钳工综合训练共7个单元内容。训练内容中注重新知识、新技术、新工艺、新方法的介绍与训练,为学生的后续学习与发展打好基础。本书可作为中等职业学校机械类专业及工程技术类相关专业的一门基础技术训练课程教材,也可作为相关行业的岗位培训教材及有关人员的自学用书。

1. 教材特色

① 凸现职业教育特色。以就业为导向,根据中等职业学校机械类专业及工程技术类相关专业学生将来面向的职业岗位(群)对技能人才提出的相关职业素养要求来组织钳工实训课程的结构与内容。降低钳工理论阐述的难度,突出学生钳工技能的培养与训练。

② 根据中等职业学校机械类专业及工程技术类相关专业毕业生将从事的职业岗位(群)要求,按企业要求毕业生必须了解哪些知识、掌握什么技术、具备哪些能力,删除原教学内容中难、繁、深、旧的部分,按"简洁实用、够用、兼顾发展"的原则组织课程内容,每个单元分别介绍各单项技能有关的相关知识,通过练一练再做一做的方法,让学生巩固所学理论和技能,最后综合训练提供了五个训练项目为各学校教学的自主性、灵活性留有一定的空间。

③ 体现以能力为本位的职教理念。以学生的"行动能力"为出发点组织教材内容。合理选取训练项目,以项目训练为主线,由浅入深,循序渐进,符合学生的认知规律,各训练项目包括:图形分析、方法与步骤、检测与评价、加工注意事项等,通过综合训练项目的选择与学习,使学生将前面所学到的基本技能实现综合应用和训练,为培养学生本学科的综合应用能力以及为后续其他课程的学习打下良好的基础。

④ 注重实训教学的学生评价,遵循形成性评价和终结性评价相结合的原则,既关注结果,又关注过程。对学生的平时实训成绩不仅要重视技能考评结果,也要重视学生学习过程的评

价,包括学生的学习态度、学习方法、学习习惯、劳动纪律、文明生产等。

2.学时分配建议

序　号	单　　元	学　时　数
1	钳工技术基础常识	2
2	划线	4
3	锯削	4
4	锉削	4
5	钻削	6
6	攻螺纹与套螺纹	6
7	机动	2
8	综合训练	32

本书,由江苏省泰州机电高等职业技术学校朱仁盛、王卫清主编,江苏联合职业技术学院苏州分院陆东明、江苏省泰州机电高等职业技术学校申倚洪、封琥、广东省机械高级技工学校李淑宝参编。全书由无锡机电高等职业技术学校葛金印主审,他们对书稿提出了许多宝贵的修改意见和建议,提高了书稿质量,在此一并表示衷心的感谢!

本书作为课程改革成果规划教材之一,在推广使用中,非常希望得到其教学适用性反馈意见,以便不断改进与完善。由于编者水平有限,书中错漏之处在所难免,敬请读者批评指正。

为方便教师教学,本书还配有教学指南、电子教案及习题答案(电子版),请有此需要的教师登录华信教育资源网(www. hxedu. com. cn)免费注册后再进行下载,有问题时请在网站留言板留言或与电子工业出版社联系(E-mail:hxedu@ phei. com. cn)。

编者

2010 年 5 月

目　　录

单元1　钳工技术基础常识 ·· (1)

单元2　划线 ·· (11)

单元3　锯削 ·· (24)

单元4　锉削 ·· (32)

单元5　钻削 ·· (45)

单元6　攻螺纹与套螺纹 ·· (65)

单元7　钳工综合训练 ·· (82)

　　项目1　六角螺母制作 ·· (82)

　　项目2　凹形块制作 ·· (84)

　　项目3　90°夹块制作 ·· (87)

　　项目4　定位块制作 ·· (89)

　　项目5　回转式台虎钳的装配 ·· (91)

参考文献 ·· (94)

单元 1 钳工技术基础常识

学习目标

◇ 熟悉钳工工作场地的常用设备、工具及其应用。

◇ 了解常用量具的类型及其应用。

◇ 熟悉游标卡尺、千分尺、万能角度尺的刻线原理与读数方法。

◇ 掌握钳工的安全操作规程。

钳工大多是用手工工具并经常在台虎钳上进行手工操作的一个工种。一些采用机械方法不适宜或不能解决的加工，都可由钳工来完成。

随着机械工业的发展，钳工的工作范围越来越广泛，需要掌握的理论知识和操作技能也越来越复杂，于是产生了专业性的分工，以适应不同工作的需要。钳工一般分为普通钳工（模具钳工）、机修钳工、工具钳工等。

知识储备

1. 钳工常用设备、工具及其使用

钳工常用的设备可分为主要设备（钳台、台虎钳、砂轮机）、钻床、钳工常用工具等，其图例、功用与相关知识分别见表 1-1、表 1-2、表 1-3。

表 1-1 钳工主要设备简介

名称	图　例	功用与相关知识
钳台	长方形钳台 六角形钳台	钳台也称钳工台或钳桌，主要用来安装台虎钳。台面一般为长方形、六角形等，其长、宽尺寸由工作需要确定，高度一般以 800 ～ 900mm 为宜

续表

名称	图 例	功用与相关知识
台虎钳	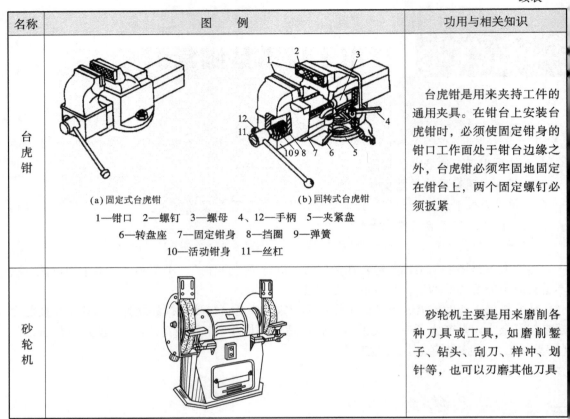 (a) 固定式台虎钳　(b) 回转式台虎钳 1—钳口　2—螺钉　3—螺母　4、12—手柄　5—夹紧盘 6—转盘座　7—固定钳身　8—挡圈　9—弹簧 10—活动钳身　11—丝杠	台虎钳是用来夹持工件的通用夹具。在钳台上安装台虎钳时，必须使固定钳身的钳口工作面处于钳台边缘之外，台虎钳必须牢固地固定在钳台上，两个固定螺钉必须扳紧
砂轮机		砂轮机主要是用来磨削各种刀具或工具，如磨削錾子、钻头、刮刀、样冲、划针等，也可以刃磨其他刀具

表1-2　钳工常用钻床

名称	图 例	功用与相关知识
台式钻床		台钻转速高，使用灵活，效率高，适用于较小工件的钻孔。由于其最低转速较高，故不适宜进行锪孔和铰孔加工。 钻孔时，拨动手柄使主轴上下移动，以实现进给和退刀。钻孔深度通过调节标尺杆上的螺母来控制。一般台钻有五挡不同的主轴转速，可通过安装在电动机主轴和钻床主轴上的一组 V 带轮来变换主轴转速
立式钻床		立式钻床适宜加工小批、单件的中型工件。由于主轴变速和进给量调整范围较大，因此可进行钻孔、锪孔、铰孔和攻螺纹等加工。通过操纵手柄，使进给变速箱沿立柱导轨上下移动，从而调节主轴至工作台的距离。摇动工作台手柄，也可使工作台沿立柱导轨上下移动，以适应不同尺寸的加工。在钻削大工件时，可将工作台拆除，将工件直接固定在底座上加工。最大钻孔直径有 25mm、35mm、40mm、50mm 等几种

续表

名称	图　例	功用与相关知识
摇臂钻床		因为摇臂钻床的主轴变速范围和进给量调整范围广，所以加工范围广泛，可用于钻孔、扩孔、锪孔、铰孔和攻螺纹等加工。 　　摇臂钻床操作灵活省力，钻孔时，摇臂可沿立柱上下升降和绕立柱回转360°。主轴变速箱可沿摇臂导轨做大范围移动，便于钻孔时找正钻头的加工位置。摇臂和主轴变速箱位置调正结束后，必须锁紧，以防止钻孔时产生摇晃而发生事故。可在大型工件上钻孔或在同一工件上钻多孔，最大钻孔直径可达80mm

表1-3　钳工常用工具

名称	图　例	功用与相关知识
手锤	锤头的形状	手锤是用来敲击的工具，有金属手锤和非金属手锤两种。常用金属锤有钢锤和铜锤两种，常用非金属锤有塑胶锤、橡胶锤、木锤等。手锤的规格是以锤头的重量来表示的，如0.5磅、1磅等
螺丝起子		螺丝起子的主要作用是旋紧或松退螺丝。常见的螺丝起子有一字形螺丝起子、十字形螺丝起子和双弯头形螺丝起子3种
固定扳手		固定扳手主要用于旋紧或松退固定尺寸的螺栓或螺帽。常见的固定扳手有单口扳手、梅花扳手、梅花开口扳手及开口扳手等。固定扳手的规格是以钳口开口的宽度表示的
活动扳手		活动扳手用来旋紧或松退螺栓、螺帽，其钳口尺寸在一定的范围内可自由调整，活动扳手的规格是以扳手全长尺寸表示的
管扳手		管扳手常用于旋紧或松退圆管、磨损的螺帽或螺栓，其钳口有条状齿。管扳手的规格是以扳手全长尺寸表示的

续表

名称	图　例	功用与相关知识
特殊扳手	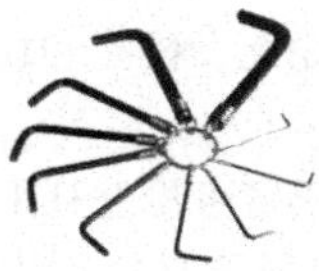 	为了某种目的而设计的扳手称为特殊扳手。常见的特殊扳手有六角扳手、T形夹头扳手、面扳手及扭力扳手等
夹持用手钳	 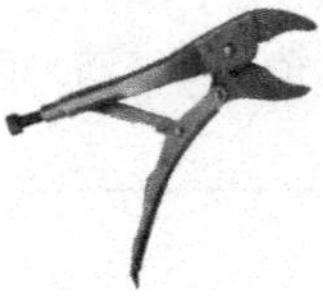	夹持用手钳的主要作用是夹持材料或工件
夹持剪断用手钳	 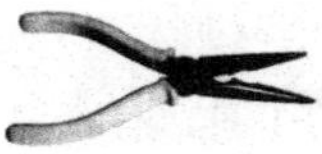	常见的夹持剪断用手钳有侧剪钳和尖嘴钳。夹持剪断用手钳的主要作用除可夹持材料或工件外，还可用来剪断小型物件，如钢丝、电线等
拆装扣环用卡环手钳	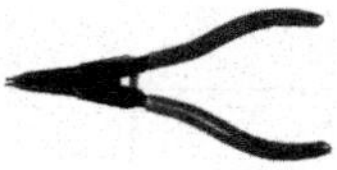 	拆装扣环用卡环手钳分为直轴用卡环手钳和套筒用卡环手钳2种。其主要作用是装拆扣环，即可将扣环张开套入或移出环状凹槽
特殊手钳	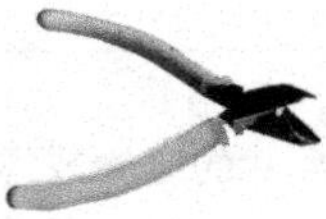 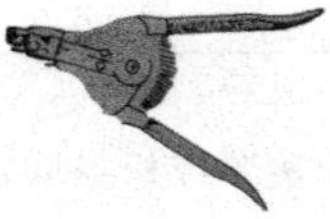	常用的特殊手钳有：剪切薄板、钢丝、电线的斜口钳；剥除电线外皮的剥皮钳；夹持扁物的扁嘴钳；夹持大型筒件的链管钳等

2. 常用量具的类型、功用及维护

（1）钳工常用量具

钳工基本操作中常用的量具有钢尺、刀口直尺、内外卡钳、游标卡尺、千分尺、直角尺、量角器、厚薄规、量块、百分表等。

钳工常用量具的名称、图例与功用及相关知识见表1-4。

表1-4　钳工常用量具

名称	图　　例	功用及相关知识
钢直尺		钢直尺是常用量具中最简单的一种量具。可用来测量工件的长度、宽度、高度和深度等。规格有150mm、300mm、500mm 和 1000mm 4 种
游标卡尺	 （a）高度游标卡尺 （b）深度游标卡尺	游标卡尺是一种中等精密度的量具。可以直接测量工件的外径、孔径、长度、宽度、深度和孔距等尺寸
千分尺	 (a) 外径千分尺　　(b) 电子数显外径千分尺 (c) 内测千分尺　　(d) 深度千分尺	千分尺是一种精密量具，它的精度比游标卡尺高，而且比较灵敏。因此，一般用来测量精度要求较高的尺寸
百分表		百分表可用来检验机床精度和测量工件的尺寸、形状及位置误差等

续表

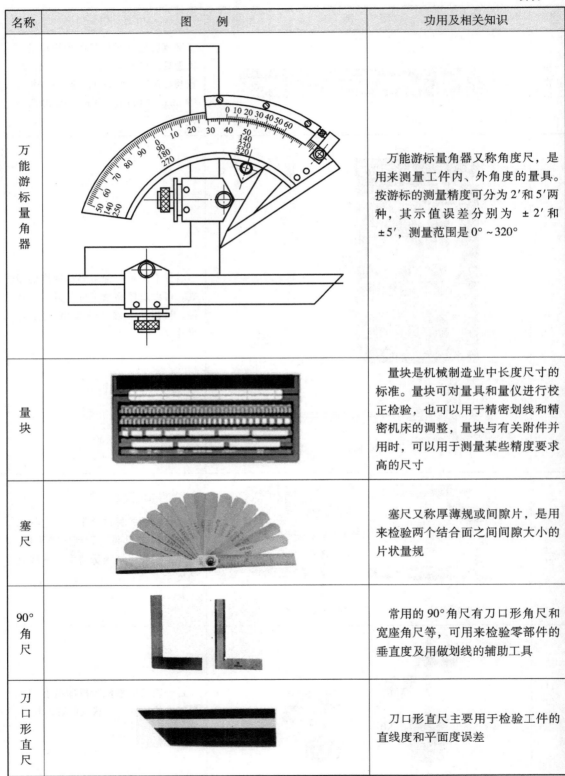

名称	图 例	功用及相关知识
万能游标量角器		万能游标量角器又称角度尺，是用来测量工件内、外角度的量具。按游标的测量精度可分为2′和5′两种，其示值误差分别为 ±2′和±5′，测量范围是0°~320°
量块		量块是机械制造业中长度尺寸的标准。量块可对量具和量仪进行校正检验，也可以用于精密划线和精密机床的调整，量块与有关附件并用时，可以用于测量某些精度要求高的尺寸
塞尺		塞尺又称厚薄规或间隙片，是用来检验两个结合面之间间隙大小的片状量规
90°角尺		常用的90°角尺有刀口形角尺和宽座角尺等，可用来检验零部件的垂直度及用做划线的辅助工具
刀口形直尺		刀口形直尺主要用于检验工件的直线度和平面度误差

（2）典型量具的刻线原理和读数方法

测量钳工加工产品品质常用的量具有游标卡尺、外径千分尺、万能角度尺等，其刻线原理和读数方法见表1-5。

表1-5　钳工典型量具的刻线原理和读数方法

名称	图　例	刻线原理	读数方法
游标卡尺	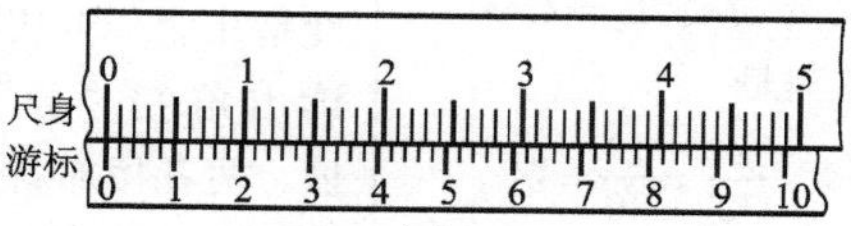 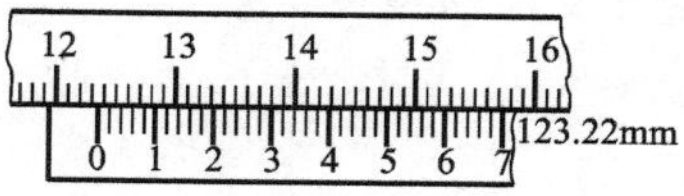 图例中游标卡尺的读数为123.22mm	游标卡尺精度有0.10mm、0.05mm、0.02mm 3种。常用游标卡尺精度为0.02mm，其刻线原理如下： 如图（a）所示，主尺每小格为1mm，当两爪合并时，游标上的50格刚好等于主尺上的49mm，则游标每格间距=49mm÷50=0.98mm。 主尺每格间距与游标每格间距差=1-0.98=0.02mm。 此差值即为精度0.02mm游标卡尺的测量精度	1. 读出游标上零线在尺身上的毫米数； 2. 读出游标上哪一条刻线与尺身对齐； 3. 把尺身和游标上的两尺寸加起来，即为测量尺寸
外径千分尺	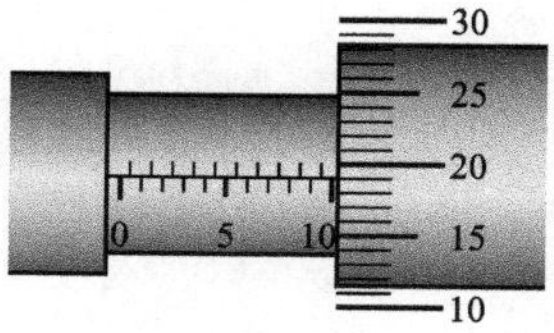 图例中千分尺的读数为10.19mm	微分筒的圆周上刻有50个等分线，当微分筒转一周时，测微螺杆就推进或后退0.5mm，微分筒转过它本身圆周刻度的一小格时，两侧砧面之间转动的距离为0.5÷50=0.01mm，则0.01mm即为外径千分尺的测量精度	1. 读出活动套管边缘在固定套管线最近的轴向刻度线后面的数（为0.50mm的整数倍）； 2. 读出活动套管上哪一格同固定套管上基准线对齐（即轴向刻度中心线重合）的圆周刻度数（为0.50mm的等分数）； 3. 将以上两个读数相加，即为总尺寸

金属加工与实训（钳工实训）

续表

名称	图　例	刻线原理	读数方法
万能角度尺	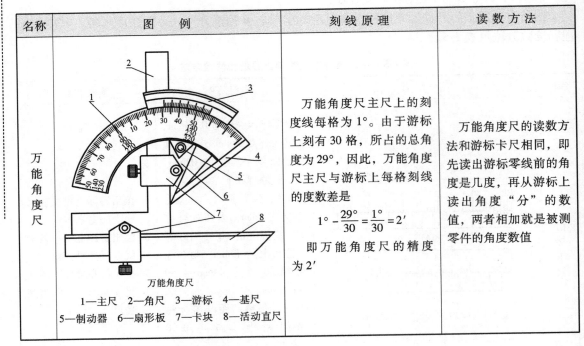 万能角度尺 1—主尺　2—角尺　3—游标　4—基尺 5—制动器　6—扇形板　7—卡块　8—活动直尺	万能角度尺主尺上的刻度线每格为 1°。由于游标上刻有 30 格，所占的总角度为 29°，因此，万能角度尺主尺与游标上每格刻线的度数差是 $$1° - \frac{29°}{30} = \frac{1°}{30} = 2'$$ 即万能角度尺的精度为 2′	万能角度尺的读数方法和游标卡尺相同，即先读出游标零线前的角度是几度，再从游标上读出角度"分"的数值，两者相加就是被测零件的角度数值

（3）常用量具的正确使用

正确选择量具，使用量具进行技术参数的测量并学会保养量具，延长量具的使用寿命，是每个工程技术人员必备的基本功，所有必须做到：

① 爱护、使用和合理选用量具，要选用相应精度的量具进行测量。

② 严禁把标准量具作为一般量具使用。

③ 严防温差对量具的影响，尽量缩小因热胀冷缩产生的测量误差。

④ 量具不应放在灰尘、油腻的地方，以免脏物侵入量具内，降低测量精度。

⑤ 千分尺、游标卡尺不用时，测量基准面要脱离开。

⑥ 严禁用量具做动态测量，以免出现事故和损坏量具。

⑦ 当发现量具失准、缺附件或损坏时，要及时送计量检测部门检修。

⑧ 量具用完后，擦拭干净，放在量具盒内。

3. 钳工安全文明生产常识

（1）设备操作安全规则

① 台虎钳的安全操作注意事项

a. 夹紧工件时只允许依靠手的力量扳紧手柄，不能用手锤敲击手柄或随意套上长管扳手柄，以免丝杠、螺母或钳身因受力过大而损坏。

b. 强力作业时，应尽量使力朝向固定钳身，否则，丝杠和螺母会因受到较大的力而导致螺纹损坏。

c. 不要在活动钳身的光滑平面上敲击工件，以免降低它与固定钳身的配合性能。

d. 丝杠、螺母和其他活动表面，都应保持清洁并经常加油润滑和防锈，以延长使用寿命。

②砂轮机的安全操作注意事项

砂轮机主要由砂轮、机架和电动机组成。工作时，砂轮的转速很高，很容易因系统不平衡而造成砂轮机的振动，因此要做好平衡调整工作，使其在工作中平稳旋转。由于砂轮质硬且脆，所以使用不当容易产生砂轮碎裂而造成事故。因此，使用砂轮机时要严格遵守以下的安全操作注意事项：

a. 砂轮的旋转方向要正确，使磨屑向下飞离，不致伤人。

b. 砂轮机启动后，要等砂轮转速平稳后再开始磨削。若发现砂轮跳动明显，应及时停机修整。

c. 砂轮机的搁架与砂轮间的距离应保持在 3mm 以内，以防磨削件轧入，造成事故。

d. 在磨削过程中，操作者应站在砂轮的侧面或斜侧面，不要站在正对面。

（2）常用工具操作安全规则

①手锤使用注意事项

a. 对于精制工件表面或硬化处理后的工件表面，应使用软面锤，以避免损伤工件表面。

b. 使用手锤前应仔细检查锤头与锤柄是否紧密连接，以免使用时锤头与锤柄脱离，造成意外事故。

c. 手锤锤头边缘若有毛边，应先磨除，以免破裂时造成伤害。使用手锤时应配合工作性质，合理选择手锤的材质、规格和形状。

②螺丝起子使用注意事项

a. 根据螺丝的槽宽选用起子，大小不合的起子非但无法承受旋转力，而且容易损伤钉槽。

b. 不可将螺丝起子当做錾子、杠杆或划线工具使用。

③扳手使用注意事项

a. 根据工作性质选用适当的扳手，尽量使用固定扳手，少用活动扳手。

b. 因各种扳手的钳口宽度与钳柄长度有一定的比例，故不可加套管或用不正当的方法延长钳柄的长度，以增加使用时的扭力。

c. 选用固定扳手时，钳口宽度应与螺帽宽度相当，以免损伤螺帽。

d. 使用活动扳手时，应向活动钳口方向旋转，使固定钳口承受主要的力。

e. 扳手钳口若有损伤，应及时更换，以保证安全。

④手钳使用注意事项

a. 手钳主要是用来夹持或弯曲工件的，不可当做手锤或起子使用。

b. 侧剪钳、斜口钳只可剪细的金属线或薄的金属板。

c. 应根据工作性质合理选用手钳。

（3）工人安全职责

①设备使用与维修的过程中，必须制定相应的安全措施。首先检查电源、气源是否被断开，如果设备与动力线之间的连接未切断，务必禁止工作。必要时，在电源、气源的开关处挂上"不准合闸"或"不准开气"等警示牌。

②操作前，应根据所用工具的需要，穿戴必要的劳保防护用品，同时遵守相关的规定。例如，使用电动工具时，需要穿戴绝缘手套和胶鞋；使用手持照明灯时，其工作电压应低

于 36V。

③ 多人、多层作业时，要做到统一指挥、密切配合、动作协调，同时也要注意安全。

④ 拆卸下来的零部件应当尽量摆放在一起，并按相关规定摆放，不要乱丢乱放。

⑤ 起吊和搬运重物时，应严格遵守起重工安全操作规程。

⑥ 高处作业必须佩戴安全帽，系好安全带。不准上下投递工具或零件。

⑦ 试车前，应检查电源的接法是否正确；各部分的手柄、行程开关、撞块等是否灵敏可靠；传动系统的安全防护装置是否齐全。确认无误后，方可开车运转。

⑧ 机械设备运转时，不得用身体任何部位触及运动部件或进行调整；必须待停稳后，才可进行检查和调整。

单元2　划　　线

学习目标

◇　了解划线的基础知识。
◇　会正确使用划线工具进行划线。
◇　能进行一般零件的划线及检测。
◇　划线做到线条清晰、粗细均匀。
◇　掌握平面和立体划线的方法、步骤。

知 识 储 备

1. 划线要领

（1）划线常识

根据图样或实物的尺寸，在毛坯或工件上，用划线工具划出加工轮廓线和点的操作叫划线。只需在一个平面上划线即能满足加工要求的，称为平面划线；需同时在工件几个不同方向的表面上划线才能满足加工要求的，称为立体划线。单件及中、小批量生产中的铸、锻件毛坯和形状较复杂的零件，在切削加工前通常均需要划线。

（2）划线的作用

① 确定工件上各加工面的加工位置和加工余量。

② 可全面检查毛坯的形状和尺寸是否满足加工要求。

③ 当坯料上出现某些缺陷时，往往可通过划线时的"借料"方法，起到一定的补救作用。

④ 在板料上划线下料，可合理安排和节约使用材料。

（3）划线前的准备与划线基准

划线前，首先要看懂图样和工艺要求，明确划线任务，检验毛坯和工件是否合格；然后对划线部位进行清理、涂色，确定划线基准，选择划线工具进行划线。

① 划线前的准备。划线前的准备包括对工件或毛坯进行清理、涂色及在工件孔中装入中心塞块等。

常用的涂料有石灰水和蓝油。石灰水用于铸件毛坯表面的涂色。蓝油是由质量分数2%～4%的龙胆紫、3%～5%的虫胶和91%～95%的酒精配制而成的，主要用于已加工表面的涂色。

② 确定划线基准。所谓基准，即工件上用来确定其他点、线、面位置的依据（点、线、

面）。划线基准确定的原则如下：

　　a. 划线基准应与设计基准一致，并且划线时必须先从基准线开始。

　　b. 若工件上有已加工表面，则应以已加工表面为划线基准。

　　c. 若工件为毛坯，则应选重要孔的中心线等为划线基准。

　　d. 若毛坯上无重要孔，则应选较平整的大平面为划线基准。

常用的划线基准有 3 种，如图 2-1 所示。

　　a. 以两个相互垂直的平面为基准，如图 2-1（a）所示。

　　b. 以一个平面与一条中心线为基准，如图 2-1（b）所示。

　　c. 以两条相互垂直的中心线为基准，如图 2-1（c）所示。

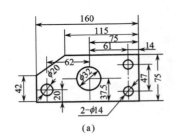 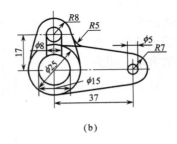 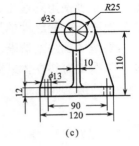

| (a) | (b) | (c) |

图 2-1　划线基准类型

（4）划线前的找正与借料

① 找正。找正就是利用划线工具，通过调节支撑工具，使工件有关的毛坯表面都处于合适的位置。找正时应注意的事项如下。

a. 当毛坯工件上有不加工表面时，应按不加工表面找正后再划线，这样可使加工表面与不加工表面之间的尺寸均匀。

 注　意

　　当工件上有两个以上不加工表面时，应选择重要的或较大的不加工表面作为找正依据，并兼顾其他不加工表面，这样不仅可以使划线后的加工表面与不加工表面之间的尺寸比较均匀，而且可以使误差集中到次要或不明显的部位。

　　b. 当工件上没有不加工表面时，可通过对各待加工的表面自身位置找正后再划线。这样可以使各待加工表面的加工余量均匀分布，避免加工余量相差悬殊（有的过多，有的过少）。

② 借料。当毛坯的尺寸、形状或位置误差和缺陷难以用找正划线的方法得以补救时，就需要利用借料的方法来解决。

借料就是通过试划和调整，使各待加工表面的余量互相借用、合理分配，从而保证各待加工表面都有足够的加工余量，使误差和缺陷在加工后便可排除。

借料时，首先应确定毛坯的误差程度，从而决定借料的方向和大小；然后从基准开始逐一划线。若发现某一待加工表面的余量不足时，应再次借料，重新划线，直至各待加工表面都有允许的最小加工余量为止。

（5）划线的一般步骤

① 看清并分析图样与实物，确定划线基准，检查毛坯质量。

② 清理毛坯上的氧化皮、黏砂、飞边、油污，去除已加工工件上的毛刺等。

③ 在需要划线的表面涂上适当的涂料。一般铸锻件毛坯涂石灰水，钢和铸件的半成品涂蓝油、绿油或硫酸铜溶液，非铁金属工件涂蓝油或墨汁。

④ 确定孔的圆心时预先在孔中安装塞块。

⑤ 划线顺序：基准线、水平线→垂直线、斜线→圆、圆弧线。

⑥ 划毕经检验后在所需位置打样冲眼。

2. 常用的划线工具及其使用

常用划线工具图例及使用常识见表2-1。

表 2-1   常用划线工具图例及使用常识

名称	图 例	使 用 常 识
划线平台	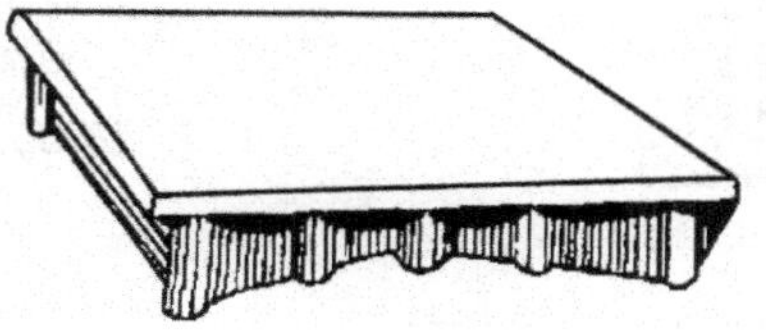	划线平台又称平板，是用来安放工件和划线工具，并在其工作表面上完成划线过程的基准工具
划线方箱	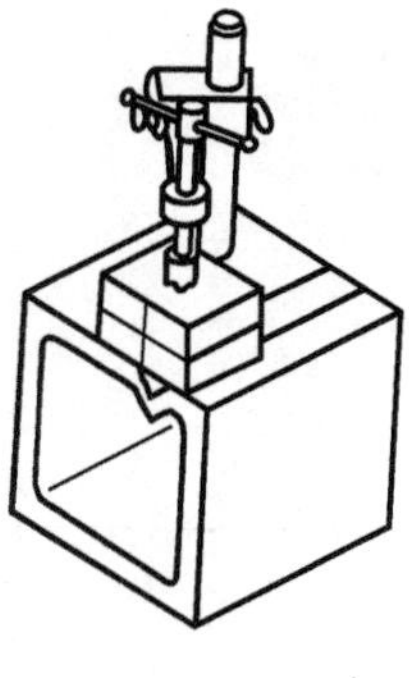	划线方箱通常带有V形槽并附有夹持装置，用于夹持尺寸较小而加工面较多的工件。通过翻转方箱，能实现一次安装后能在几个表面进行划线工作
V形铁	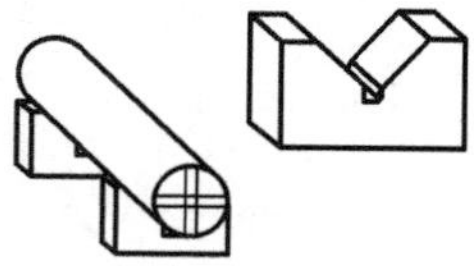	V形铁主要用于安放轴、套筒等圆形工件，以确定中心并划出中心线
垫铁		用来支持、垫平和升高毛坯工件的工具，常用斜垫铁对工件的高低作少量调节

续表

名称	图　　例	使　用　常　识
直角铁		直角铁有两个经精加工的相互垂直平面，其上的孔或槽用于固定工件时穿入压板螺钉
千斤顶		千斤顶用于支撑较大的或形状不规则的工件，常三个一组使用，其工件高度可以调节，便于找正
划针	15°～20°	划针用来在工件上划线条，一般用 $\phi 3 \sim \phi 4$ 的弹簧钢丝或高速钢制成，尖端磨成 15°～20° 的尖角，经淬火处理
划线盘		划线盘用于在划线平台上对工件进行划线或找正工件位置。使用时一般用划针的直头端划线，弯头端用于对工件的找正

单元
2
划

线

续表

名称	图　例	使用常识
划规	 (a)普通划规　　(b)扇形划规　　(c)弹簧划规 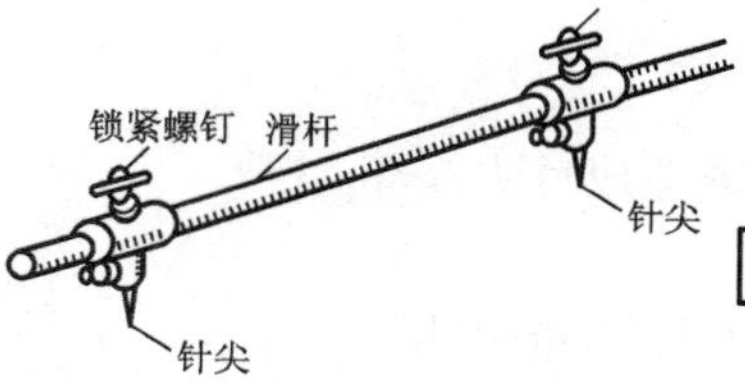 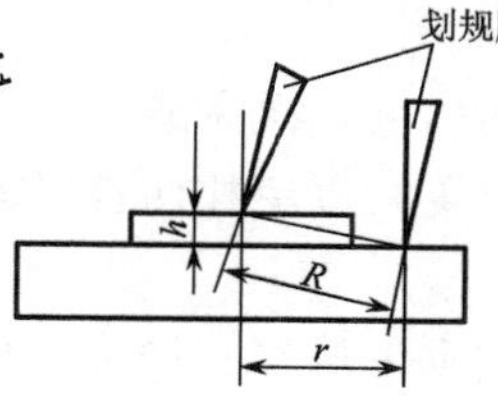 锁紧螺钉　滑杆　　针尖　针尖　划规脚　h　R　r	划规用于划圆和圆弧线、等分线段和量取尺寸等
90°角尺		90°角尺既可作为划垂直线及平行线的导向工具，又可找正工件在划线平板上的垂直位置，检查两垂直面的垂直度或单个平面的平面度
样冲	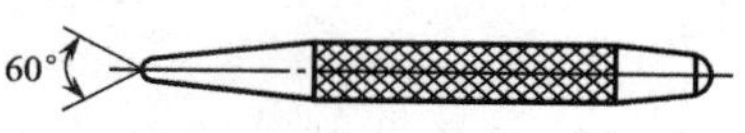 60°	样冲用于在工件所划线条上打样冲眼，作为加强界限标志和划圆弧或钻孔时的定位中心
高度游标卡尺	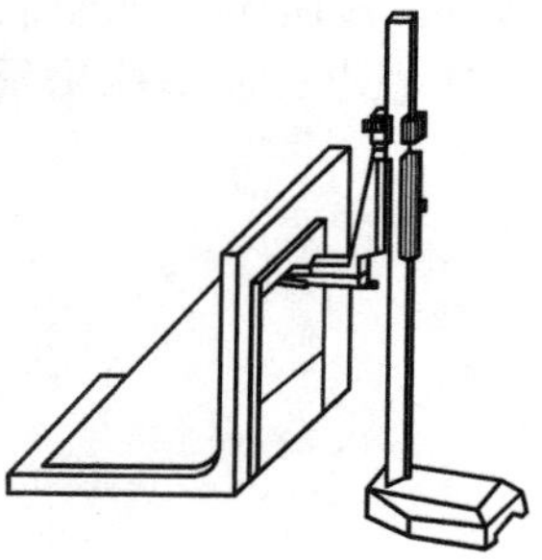	高度游标卡尺是精密的量具及划线工具，它可用来测量高度尺寸，其量爪可直接划线

3. 划线注意事项

（1）划线平台使用注意事项

① 安装时，应使工作表面保持水平位置，以免日久变形。

② 要经常保持工作面清洁，防止铁屑、砂粒等划伤平台表面。

③ 平台工作面要均匀使用，以免局部磨损。

④ 平台在使用时严禁撞击和用锤敲。

⑤ 划线结束后要把平台表面擦净，上油防锈。

（2）划针使用注意事项

① 划线时，针尖要紧靠导向工具的边缘，上部向外侧倾斜15°～20°角的同时，向划线移动方向倾斜45°～75°角。

② 针尖要保持尖锐，划线要尽量一次完成。

③ 不用时，应按规定妥善放置，以免扎伤自己或造成针尖损坏。

（3）划线盘使用注意事项

① 划线时，划针应尽量处在水平位置，伸出部分应尽量短些。

② 划线盘移动时，底面始终要与划线平台平面贴紧。

③ 划针沿划线方向与工件划线表面之间保持45°～75°夹角。

④ 划线盘用毕，应使划针处于直立状态。

（4）划规使用注意事项

① 划规脚应保持尖锐，以保证划出的线条清晰。

② 用划规划圆时，作为旋转中心的一脚应加较大的压力，另一脚以较轻的压力在工件表面上划出圆或圆弧。

（5）样冲使用注意事项

① 冲点时，先将样冲外倾使其尖端对准线的正中，然后再将样冲立直、冲点。

② 冲眼应打在线宽之间，且间距要均匀；在曲线上冲点时，两点间的距离要小些；在直线上的冲点距离可大些，但短直线至少有3个冲点；在线条交叉、转折处必须冲点。

③ 冲眼的深浅应适当。薄工件或光滑表面冲眼要浅，孔的中心或粗糙表面冲眼要深些。

（6）高度游标卡尺使用注意事项

① 一般限于半成品的划线，若在毛坯上划线，易损坏其硬质合金的划线脚。

② 使用时，应使量爪垂直于工件表面并一次划出，而不能用量爪的两侧尖划线，以免侧尖磨损，降低划线精度。

1. 划平行线

划平行线的方法见表2-2。

表 2-2　划平行线的方法

主要方法		练习要领	示意图
方法一	用钢直尺或钢直尺与划规配合划平行线	划已知直线的平行线时，用钢直尺或划规按两线距离在不同两处的同侧划一短直线或弧线，再用钢直尺将两直线相连，或做两弧线的切线，即得平行线	(a)　(b) (a) 用钢直尺划平行线； (b) 用划规与钢直尺配合划平行线
方法二	用单脚规划平行线	用单脚规的一脚靠住工件已知直边，在工件直边的两端以相同距离用另一脚各划一短线，再用钢直尺连接两短线即成	
方法三	用钢直尺与90°角尺配合划平行线	用钢直尺与90°角尺配合划平行线时，为防止钢直尺松动，常用夹头夹住钢直尺。当钢直尺与工件表面能较好地贴合时，可不用夹头	
方法四	用划线盘或高度游标尺划平行线	若工件可垂直放在划线平台上，可用划线盘或高度游标尺度量尺寸后，沿平台移动，划出平行线	(a) (b)

2. 划垂直线

划垂直线的方法见表2-3。

表2-3　划垂直线的方法

主　要　方　法		练　习　要　领	示　意　图
方法一	用90°角尺划垂直线	90°角尺的一边对准或紧靠工件已知边，划针沿尺的另一边垂直划出的线即为所需垂直线	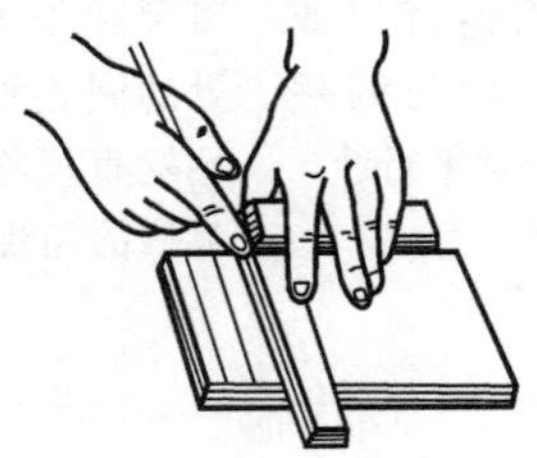
方法二	用划线盘或高度游标尺划垂直线	先将工件和已知直线调整到垂直位置，再用划线盘或高度游标尺划出已知直线的垂直线	（见表2-2方法四的示意图）

3. 划圆弧线

划圆弧线前要先划中心线，确定中心点，在中心点打样冲眼，然后用划规以一定的半径划圆弧。求圆心的方法见表2-4。

表2-4　求圆心的方法

主　要　方　法		练　习　要　领	示　意　图
方法一	单脚规求圆心	将单脚规两脚尖的距离调到大于或等于圆的半径，然后把划规的一只脚靠在工件侧面，用左手大拇指按住，划规另一脚在圆心附近划一小段圆弧，如图（a）所示。划出一段圆弧后再转动工件，每转1/4周就依次划出一段圆弧，如图（b）所示。当划出第四段后，就可在四段弧的包围圈内由目测确定圆心位置，如图（c）所示	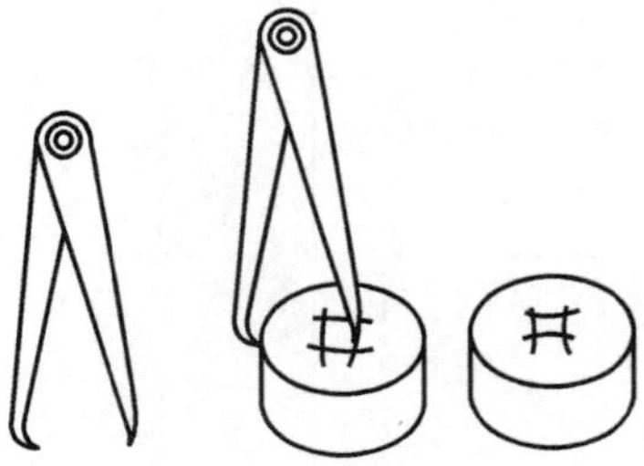
方法二	用划线盘求圆心	把工件放在V形架上，将划针尖调到略高或略低于工件圆心的高度。左手按住工件，右手移动划线盘，使划针在工件端面上划出一短线。再依次转动工件，每转过1/4周，便划一短线，共划出4根短线，再在这个"#"形线内目测出圆心位置	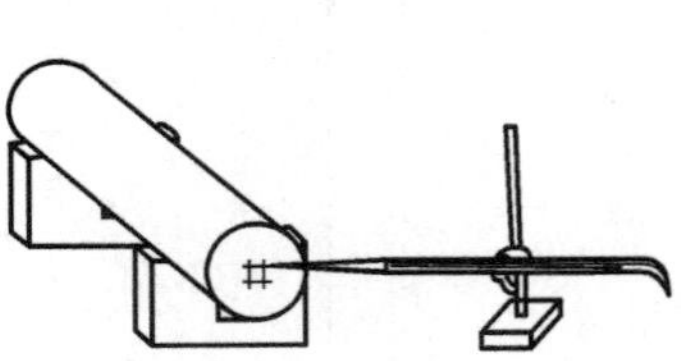

 练一练

连接盘划线

1. 划线图样（图 2-2）

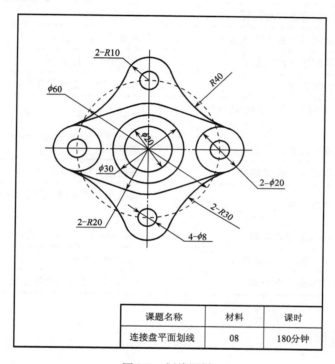

课题名称	材料	课时
连接盘平面划线	08	180分钟

图 2-2　划线图样

2. 划线步骤

（1）分析图样尺寸。

（2）准备所用划线工具，并对工件进行清理和在划线表面涂色。

（3）按图 2-2 所示，划连接盘的轮廓线。

① 划出两条相互垂直的中心线，作为基准线。

② 以两中心线交点为圆心，分别作 $\phi20$、$\phi30$ 圆线。

③ 以两中心线交点为圆心，作 $\phi60$ 虚线圆，与基准线相交于 4 点。

④ 分别以与基准线相交的 4 点为圆心作 4 - $\phi8$ 圆 4 个，再在图示水平位置作 $\phi20$ 圆 2 个。

⑤ 在划线基准线的中心划上下两段 R20 的圆弧线。作 4 条切线分别与 2 个 R20 圆弧线和 $\phi20$ 圆外切。

⑥ 在垂直位置上以 $\phi8$ 圆心为中心，划 2 个 R10 半圆。

⑦ 用 2 - R40 圆弧外切连接 R10 和 2 - $\phi20$ 圆弧，用 2 - R30 圆弧外切连接 R10 和 2 - $\phi20$ 圆弧。

⑧ 对照图样检查无误后，打样冲眼。

金属加工与实训（钳工实训）

3. 加工质量评价标准

加工质量评价标准见表2-5。

表2-5 连接盘划线评分表

类型	项次	项目与技术要求	配分	评定方法	实测记录	得分
过程评价 40%	1	能熟练识读连接盘图样	10	否则扣10分		
	2	能正确制订划线工艺步骤	10	每错一项扣2分		
	3	能正确选用划线工具	5	每选错一样扣1分		
	4	划线姿势正确	5	发现一项不正确扣2分		
	5	安全文明生产、劳动纪律执行情况	10	违者扣10分		
加工质量评价 60%	1	涂色薄而均匀	4	总体评定		
	2	图形及其排列位置均匀	8	每差错1档扣3分		
	3	线条清晰无重线	10	线条不清晰或有重线每处扣3分		
	4	尺寸及线条位置偏差	18	±0.03mm每一处超差扣2分		
	5	冲点位置偏差<±0.03mm	12	凡冲偏一个扣2分		
	6	检验样冲眼分布合理	8	分布不合理每一处扣2分		

注意事项

（1）为熟悉连接盘图形的作图方法，实习操作前可做一次纸上练习。

（2）划线工具的使用方法及划线动作必须正确掌握。

（3）学习的重点。能保证划线的尺寸准确性，划出的线条细而清楚，以及冲眼的准确性。

（4）工具要合理放置。要把左手用的工具放在作业件的左面，右手用的工具放在作业件的右面，并要整齐、稳妥。

（5）划线后，必须对已划好的线做一次仔细的复检校对工作，避免差错。

轴承座立体划线

1. 划线图样（图2-3）

2. 实训准备

（1）工具和量具：划线平台、划针盘、划针、样冲、直角尺、高度尺、钢直尺等。

（2）辅助工具：铅条、千斤顶（三个一组）、石灰水等。

（3）备料：铸件毛坯，四人一件。

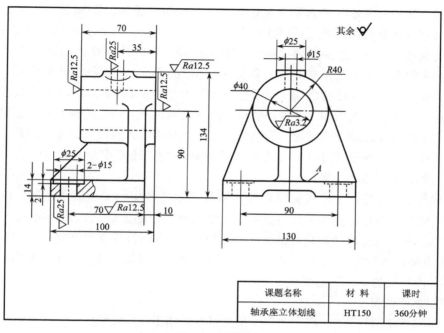

图 2-3　划线图样

课题名称	材　料	课时
轴承座立体划线	HT150	360分钟

3. 划线前的准备

（1）分析图样，弄清工件的加工工艺过程及技术要求。

（2）检查毛坯质量，是否有严重缺陷或其他瑕疵。

（3）选定基准面作为划线基准，如图 2-3 所示。轴承座需要加工的部位有底面、轴承座内孔及两端面、顶部孔及端面、两螺栓孔及孔口锪平。加工这些部位时的找正线和加工界限都要划出。需要划线的尺寸在 3 个互相垂直的方向，工件需要翻转 90°，安放 3 次位置，才能分别找出划线基准，划出所需要的全部线条。

（4）根据技术要求确定划线程度及划线位置。

（5）将毛坯孔的两端装入中心塞块。

（6）将坯料刷涂料，以备划线。

4. 第一划线位置

（1）将轴承座放在平台上，用 3 个千斤顶将轴承座竖直顶起，如图 2-4 所示，用划针盘将底面基本找平。

（2）以底面相对的面，量取并检查其他各加工面的尺寸余量（包括轴承孔的加工余量）。如余量不够，可调整千斤顶，进行相应的借料。

（3）以中心孔线 I-I 为划线基准，将高度方向的所有线条按尺寸要求划出。根据加工要求，高度方向共要划出 5 条线，即孔中心线（基准线）、底面加工线、油杯孔顶部加工线等，如图 2-4所示。

在划高度方向的线条时，首先将涉及底板厚度和孔 $\phi40$ 的

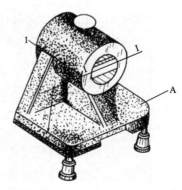

图 2-4　划孔中心线 I-I
及两螺钉孔中心

找正和借料。然后确定 $\phi40$ 和 $R40$ 外轮廓的中心。因为外轮廓是不加工面，直接影响外观质量，所以应以 $R40$ 外圆为找正依据找出中心。找中心时，可以在孔的两端先装好中心块，并用单脚划规找出中心，然后用划规试划 $\phi40$ 圆周线，看内孔 $\phi40$ 的四周是否有足够的加工余量，如果两面的加工余量有偏差过多或一面不够的情况，就要作适当的借料，即移动所找的中心位置。同时，应注意尽量使轴承孔的壁厚均匀，还要照顾顶部凸台至底面的高度尺寸。只有在上、下加工面的加工余量都能得到保证的条件下，所定的圆心才是正确的。

用3个千斤顶支撑轴承座底面，调整千斤顶高度并用划针盘找正，使两端孔中心初步调整到同一高度。为了保证图中 14mm 在各处都比较均匀，还要用划线盘的弯头划针找正 A 面，使 A 面尽量处于水平位置。

当两端孔中心保持同一高度的要求与 A 面保持水平位置的要求有矛盾时，应兼顾两方面的要求，使外观质量符合要求。接着用划针盘试划底面加工线，如果四周加工余量不够，还要把孔中心适当地提高（即重新借料），直到最后确定不再需要变动时，才开始正式划出基准线 I-I（水平中心线）、底平面加工线和顶部凸台平面的加工线。当不在孔内装中心塞块时，要划出 $\phi40$ 孔的上、下切线。

5. 第二划线位置

（1）将轴承座翻转 90°，用3个千斤顶支撑好，如图 2-5 所示。

（2）用直角尺校正底面的垂直度。

（3）在校正各螺纹孔位置尺寸的基础上，检查轴孔的加工余量，划出 II-II 基准线，并以此基准线为划线基准划出两螺栓孔中心线，即在基准线上、下各量取 45mm 划出量取螺栓孔中心线。如果铸孔内不放中心塞块，还要以孔中心基准线上、下各量取 20mm 划出轴承孔左、右两条切线。

6. 第三划线位置

（1）将轴承座再翻转 90°，用3个千斤顶支撑平稳，如图 2-6 所示。

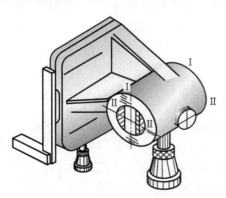

图 2-5 划两端面加工及螺栓孔位线

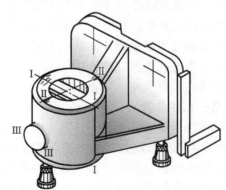

图 2-6 划轴承孔两端加工线

（2）分别用直角尺校正 I-I 和 II-II 中心线，调整千斤顶使其与平台垂直。

（3）划出中心线 II-II 基准线、两墙面的加工线及两个螺栓孔中心线，即通过千斤顶的调整和直尺找正，分别使底面加工线与 I-I 中心线和 II-II 中心线成垂直位置，这样工件的安放位置稳定后即可划线。划线基准以孔中心线为依据并照顾右端面至油杯孔中心 35mm 和

10mm 的尺寸来确定，然后试划和最后划出 III-III 基准线和两端面的加工线等。

7. 撤下千斤顶

撤下千斤顶，用划规划出两端轴承孔（当铸孔内不放中心塞块时不划圆周线）、螺栓孔和顶部油杯孔的圆周线，经过检查无错误、无遗漏之后，就可在所有加工线上打样冲眼（如果工件毛坯上涂防锈漆后再划线可以不打样冲眼）。至此，轴承座的立体划线工作全部完成。

8. 轴承座立体划线的评价

轴承座立体划线的评价见表2-6。

表 2-6　轴承座立体划线评分表

类型	项次	项目与技术要求	配分	评定方法	实测记录	得分
过程评价 40%	1	能熟练识读轴承座划线加工图样	10	否则扣 10 分		
	2	能正确制订立体划线加工路线	10	每错一项扣 2 分		
	3	能正确选用相关划线工具	5	每选错一样扣 1 分		
	4	操作熟练、姿势正确	5	发现一项不正确扣 2 分		
	5	安全文明生产、劳动纪律执行情况	10	违者扣 10 分		
加工质量评价 60%	1	三个位置垂直度找正误差 < ±0.4mm	10	每一位置超差扣 4 分		
	2	三个位置尺寸基准位置误差 < ±0.6mm	15	每一位置超差扣 8 分		
	3	划线尺寸要求 ±0.3mm	10	每一处超差扣 3 分		
	4	线条清晰	15	每一次不合要求扣 3 分		
	5	检查样冲点位置是否准确	10	每发现一次扣 2 分（共 10 分）		

注意事项

（1）必须全面、仔细地考虑工件在平台上的摆放位置、找正方法及正确确定尺寸基准线侧的位置，这是保证划线准确的重要环节。

（2）用划线盘划线时，划针伸出量应尽可能短，并要牢固夹紧。

（3）划线时，划线盘要紧贴平台平面移动，划线压力要一致，使划出的线条准确。

（4）线条尽可能细而清楚，要避免划重线。

（5）工件安放在支撑上要稳固，防止倾倒。

单元3　锯　削

学习目标

◇　了解锯削的基础知识。
◇　会使用常用锯削工具及手持式电动切割机。
◇　能使用锯削工具对工件进行正确的装夹和锯削。
◇　能进行常见零件的锯削及检测。
◇　掌握正确的锯削姿势及常见零件的锯割方法、步骤，做到锯缝整齐。

知识储备

　　锯削是指用手锯对材料或工件进行分割或锯槽等的加工方法。锯削适宜于对较小材料或工件的加工，如图3-1所示。

(a) 锯断材料

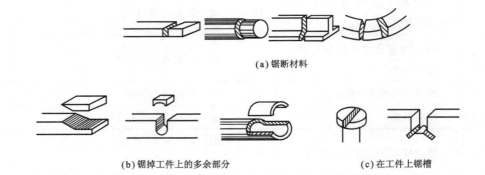

(b) 锯掉工件上的多余部分　　　　　　　　(c) 在工件上锯槽

图3-1　锯削的工作范围

1. 锯削工具及其使用

常用锯削工具的图例、功用及相关知识见表3-1。

单元 3 锯削

表 3-1　常用锯削工具的图例、功用及相关知识

名称	图　例	功用及相关知识
锯弓	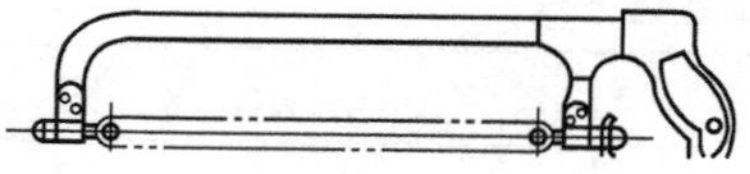 (a) 固定式 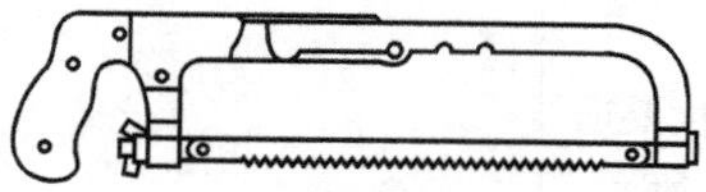 (b) 可调式	两种锯弓各有一个夹头。夹头上的销子插入锯条的安装孔后，可通过旋转翼形螺母来调节锯条的张紧程度。 　　锯弓的作用是张紧锯条，且便于双手操持。有固定式和可调节式两种。一般都选用可调节式锯弓，这种锯架分为前、后两段。前段套在后段内可伸缩，故能安装几种长度规格的锯条，灵活性好，因此得到广泛应用
锯条	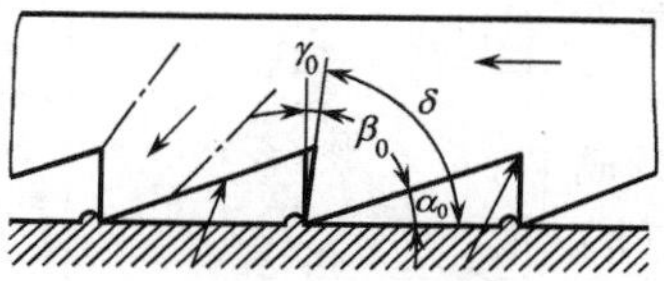 (a) 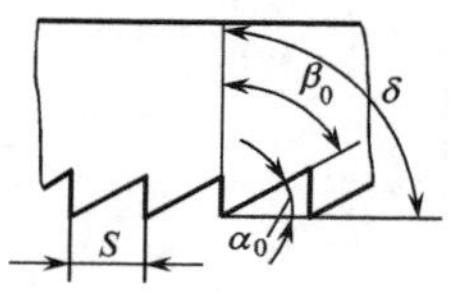 (b) 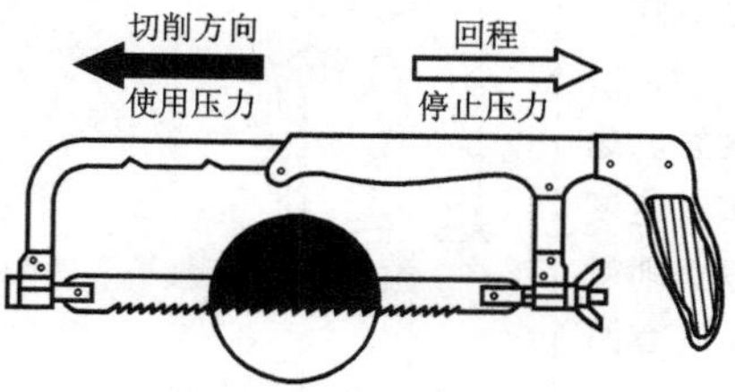 切削方向 使用压力　回程 停止压力 (c) 锯条的安装示意图	锯条安装时应使锯齿方向与切削方向一致。 　　锯条是用来直接锯削材料或工件的刃具，其规格是以两端安装孔的中心距来表示的。常用的锯条规格是 300mm，其宽度为 $10 \sim 25$mm，厚度为 $0.6 \sim 1.25$mm。 　　锯条的切削部分由许多均布的锯齿组成。常用的锯条后角 $\alpha_0 = 40°$，楔角 $\beta_0 = 50°$，前角 $\gamma_0 = 0°$，如图（a）所示。制成这一后角和楔角的目的，是为使切削部分具有足够的容屑空间和使锯齿具有一定的强度，以便获得较高的工作效率
手持式电动切割机	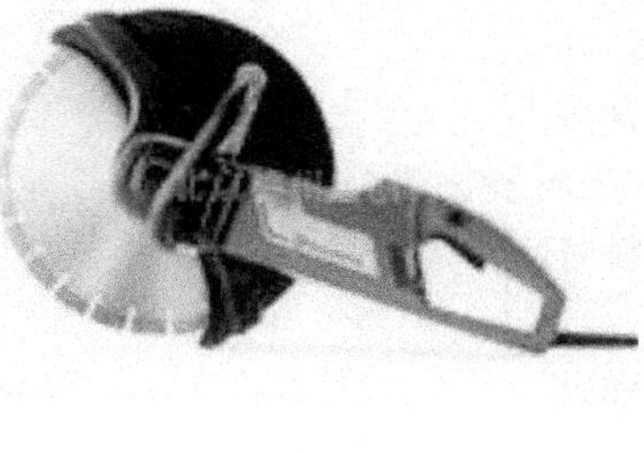	利用在高速旋转的主轴前端部安装超薄的外圆刀刃切割刀片，对被加工物进行切割或开槽。 　　双重绝缘电机的头壳齿轮箱接地，防止意外的人身触电伤害。双动作开关，能防止不经意间启动机器。配备了软启动开关，能降低对电网的冲击，同时能防止由于猛烈的冲击致使机器脱手的危险。电子调速线路板能提供由于工作条件的不同而需要的不同的转速

2. 锯削动作要领

锯削动作要领及起锯方法见表3-2。

表 3-2　锯削动作要领及起锯方法

内容	说　明	动　作　要　领	示　意　图
锯削姿势及锯削运动	正确的锯削姿势能减轻疲劳，提高工作效率	① 握锯时，要自然舒展，右手握手柄，左手轻扶锯弓前端。 ② 锯削时，夹持工件的台虎钳高度要适合锯削时的用力需要，如图（a）所示，即从操作者的下颚到钳口的距离以一拳一肘的高度为宜。 ③ 锯削时，右腿伸直，左腿弯曲，身体向前倾斜，重心落在左脚上，两脚站稳不动，靠左膝的屈伸使身体做往复摆动。即起锯时，身体稍向前倾，与竖直方向约成10°角，此时右肘尽量向后收，如图（b）所示。随着推锯的行程增大，身体逐渐向前倾斜。行程达 2/3 时，身体倾斜约 18°角，左右臂均向前伸出，如图（c）、（d）所示。当锯削最后 1/3 行程时，用手腕推进锯弓，身体随着锯的反作用力退回到15°角位置，如图（e）所示。锯削行程结束后，取消压力，将手和身体都退回到最初位置。 ④ 锯削速度以 20～40 次/min 为宜。速度过快，易使锯条发热，磨损加重；速度过慢，又直接影响锯削效率。一般锯削软材料可快些，锯削硬材料可慢些。必要时可用切削液对锯条进行冷却润滑。 ⑤ 锯削时，不要只使用锯条的中间部分，而应尽量在全长度范围内使用。为避免局部磨损，一般应使锯条的行程不小于锯条长的 2/3，以延长锯条的使用寿命。 ⑥ 锯削时的锯弓运动形式有两种：一种是直线运动，适用于锯薄形工件和直槽；另一种是摆动，即在前进时，右手下压而左手上提，操作自然省力。锯断材料时，一般采用摆动式运动。 ⑦ 锯弓前进时，一般需要加不大的压力，而后拉时则不加压力	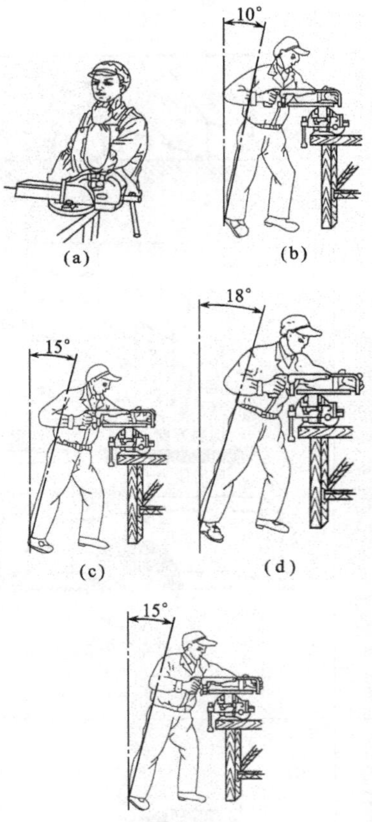 （a）　（b） （c）　（d） （e）

内容	说　明	动　作　要　领	示　意　图
起锯方法	**远起锯** 远起锯是指从工件远离操作者的一端起锯。此时锯条逐步切入材料，不易被卡住。一般应采用远起锯的方法	① 无论用哪一种起锯方法，起锯角度都要小些，一般不大于 15°，如图（c）所示。 ② 如果起锯角太大，锯齿易被工件的棱边卡住，如图（d）所示。 ③ 但起锯角太小，会由于同时与工件接触的齿数多而不易切入材料，锯条还可能打滑，使锯缝发生偏离，工件表面被拉出多道锯痕而影响表面质量，如图（e）所示。 ④ 为了使起锯平稳，位置准确，可用左手大拇指确定锯条位置，如图（f）所示，起锯时要压力小、行程短	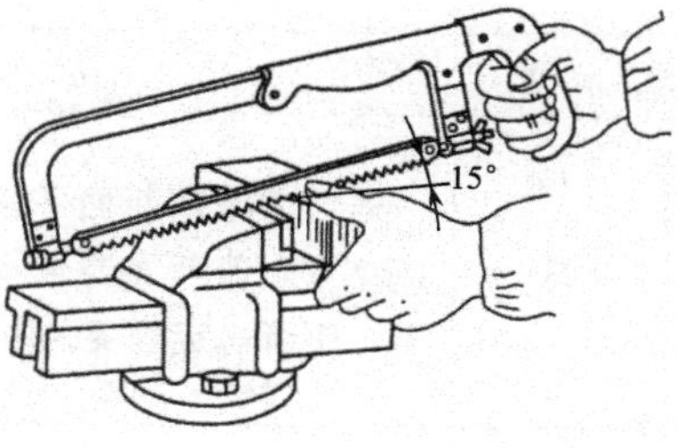 远起锯 15° 近起锯 15° θ　　　θ （c）　　（d） θ　　锯条 （e）　　（f）
	近起锯 近起锯是指从工件靠近操作者的一端起锯。如果这种方法掌握不好，锯齿会一下子切入较深，而易被棱边卡住，便锯条崩裂		
锯路	为减少锯缝两侧面对锯条的摩擦阻力，避免锯条被夹住或折断，锯路有交叉形[如图（a）]和波浪形[如图（b）]等	锯齿按一定的规律左右错开，排列成一定形状	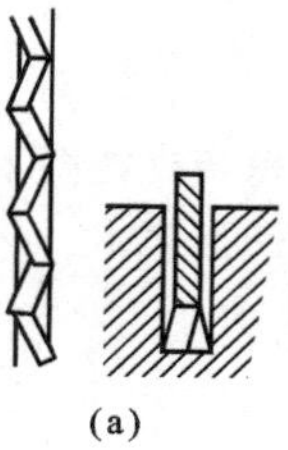 （a） 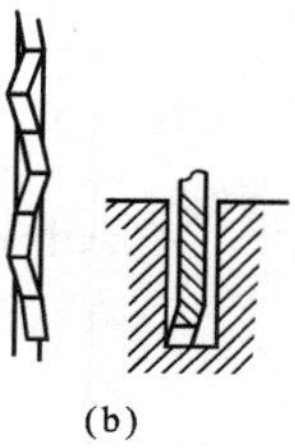　　（b）

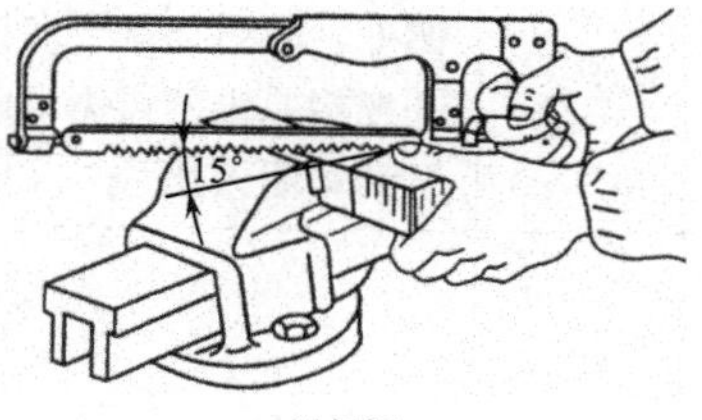

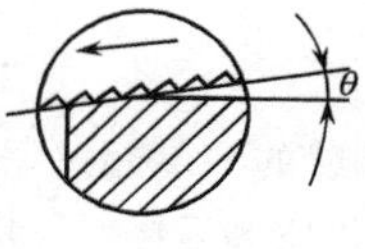

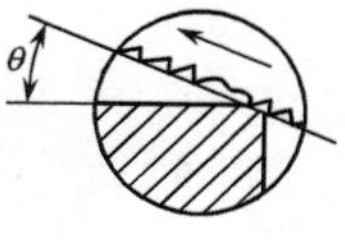

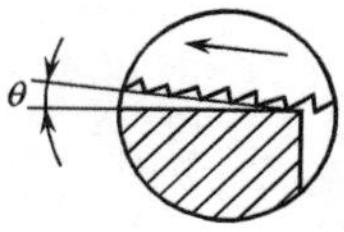

3. 不同材料的锯削方法

各种材料的锯割方法见表 3-3。

表 3-3　各种材料的锯割方法

材　料	动　作　要　领	示　意　图
棒料	若要求锯割断面平整，则应从开始起连续锯到结束。若断面要求不高时，可分几个方向锯下，锯到一定程度，用手锤将棒料击断	
管子	锯割薄壁管时，应先在一个方向锯到管子内壁处，然后把管子向推锯的方向转过一定角度，并连接原锯缝再锯到管子的内壁处，如此不断，直到锯断为止	
深缝锯割	当锯缝的深度超过锯弓的高度时，可把锯条转过 90°安装后再锯。装夹时，锯削部位应处于钳口附近，以免因工件颤动而影响锯削质量和损坏锯条	（a） （b） （c）
薄板	可将薄板夹在两木块之间进行锯割，或手锯作横向斜推锯	 薄板　木块

练习深缝锯削

1. 零件图

锯削零件图如图 3-2 所示。

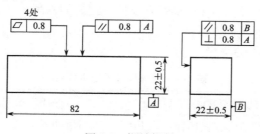

图 3-2　深缝锯削

2. 实训准备

（1）工具和量具：锯条（若干）、锯弓、游标卡尺、钢直尺、直角尺、划针等。

（2）辅助工具：软钳口衬垫、V 形槽木垫、润滑油等。

（3）备料：45 圆钢 $\phi 36mm \times 80mm$。

3. 操作步骤

（1）在毛坯上划出平面加工线。

（2）锯削 A 面，使之达到平面度 0.8mm 及圆柱母线的尺寸要求。

（3）锯削 A 面的对面，使之达到平面度 0.8mm、平行度 0.8mm、尺寸 22mm ± 0.5mm 的要求。

（4）锯削 B 面，使之达到平面度 0.8mm 及圆柱母线的尺寸要求。

（5）锯削 B 面对面，使之达到平面度 0.8mm、平行度 0.8mm、尺寸 22mm ± 0.5mm 的要求。

（6）去毛刺，检验。

1. 练习图样（图 3-3）

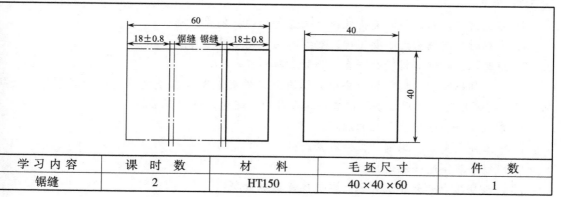

学习内容	课　时　数	材　　料	毛坯尺寸	件　　数
锯缝	2	HT150	40×40×60	1

图 3-3　练习图样

2. 锯削步骤

（1）认真分析图 3-3，选择锯削工具，制订锯削工艺路线。

（2）检查备料尺寸并划一端 18mm 锯割加工线。

（3）装夹工件，所划线应伸出钳口 20mm 左右。

（4）从所划线的外侧起锯，将材料锯断。

（5）参照上述（2）、（3）、（4）步骤完成另一锯缝的锯削。

3. 锯削加工质量评价

锯削加工质量评价见表 3-4。

表 3-4　锯削加工质量评分表

类型	项次	项目与技术要求	配分	评 定 方 法	实测记录	得分
过程评价 40%	1	能熟练识读锯削加工的图样	10	否则扣 10 分		
	2	能正确制订锯削工艺路线	10	每错一项扣 2 分		
	3	能正确选用锯削用工、量、刃具	5	每选错一样扣 1 分		
	4	锯削姿势正确	5	发现一项不正确扣 2 分		
	5	安全文明生产、劳动纪律执行情况	10	违者扣 10 分		
加工质量评价 60%	1	装夹是否正确	5	不正确不得分		
	2	位置是否正确、起锯角大小是否合适	15	位置偏差大于 1mm 扣 5 分 起锯角太大太小扣 5 分		
	3	18±0.8（2 处）	20	尺寸超差每处扣 10 分、		
	4	平面度（2 处）锯割断面纹路整齐	20	不整齐平面度差不得分		

锯削注意事项

1. 锯削前，注意工件的夹持及锯条锯齿方向的安装要正确。

2. 起锯时，起锯角大小要正确，锯割时的摆动姿势要自然。

3. 随时注意控制好锯缝的平直，否则及时纠正。

4. 工件临锯断时，锯削压力要小，以避免工件突然断开或手突然前冲造成事故。一般在小工件将锯断时，应用左手扶住工件断开部分，避免工件掉下砸脚。

5. 掌握锯条折断可能产生的原因。

（1）工件未夹紧，锯割时工件有松动；

（2）锯条装得过松或过紧；

（3）锯割压力太大或锯割方向突然偏离锯缝方向；

（4）强行纠正歪斜的锯缝，或调换新锯条后仍在原锯缝过猛地下锯；

（5）锯割时锯条中间局部磨损，当拉长锯削时锯条被卡住引起折断；

（6）中途停止使用时，手锯未从工件中取出而碰断。

6. 掌握锯缝歪斜可能产生的原因。

（1）工件安装时，锯缝线未能与铅垂线方向保持一致；

（2）锯条安装太松或相对锯弓平面扭曲；

（3）锯割压力太大而使锯条左右偏摆；

（4）锯弓未扶正或用力歪斜。

7. 锯齿崩裂的原因。

（1）锯薄壁管子和薄板料时锯齿选择不当，没有选择细齿锯条；

（2）起锯角选得太大造成锯齿被卡住或近起锯时用力过大；

（3）锯削速度快，摆角又大，造成锯齿崩裂。

单元 4　　锉　　削

学习目标

◇ 了解锉削的基础知识，掌握锉削主要工具的用途。
◇ 会使用常用锉削工具及电动角向磨光机、抛光机等。
◇ 掌握正确的锉削姿势及常见零件的锉削方法、步骤。
◇ 能进行常见零件的锉削及检测。
◇ 了解锉削的安全注意事项。

知识储备

锉削的应用范围很广，可以锉削平面、曲面、外表面、内孔、沟槽和各种复杂表面。还可以配键、做样板及在装配中修整工件，是钳工常用的操作之一。

1. 锉削刀具及选用

（1）锉刀

锉刀是用高碳工具钢 T13 或 T12 制成，经热处理后切削部分硬度达到 HRC62 ～ 72，锉刀的相关基础常识见表 4-1。

表 4-1　锉刀的基础常识

内　容	相关知识	图例及有关参数
锉刀的构造及各部分名称	锉刀由手柄与锉身组成	 锉刀面　锉刀边　底齿　锉刀尾　木柄 长度　面齿　舌

内　容	相　关　知　识	图例及有关参数
锉刀的类型	按锉刀的用途不同，可分为钳工锉、异形锉和整形锉，如图（a）、（b）、（c）所示	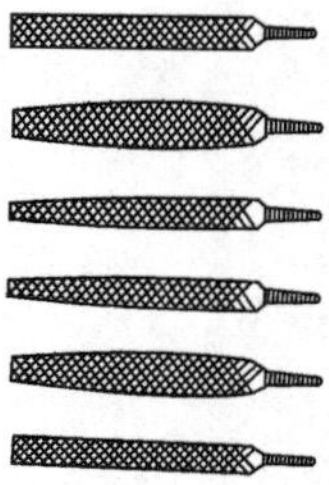 (a) 钳工锉 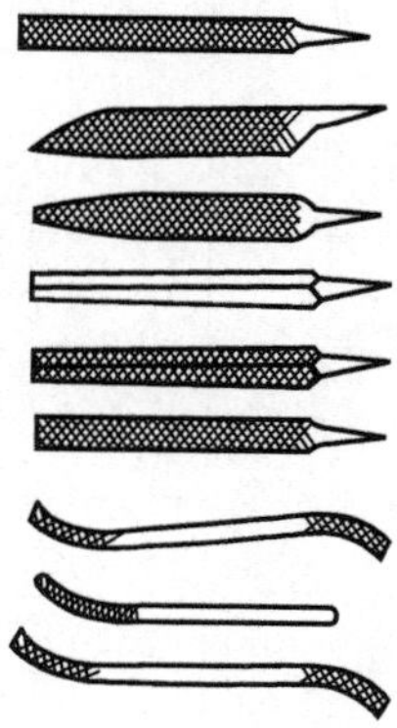　　(b) 异形锉 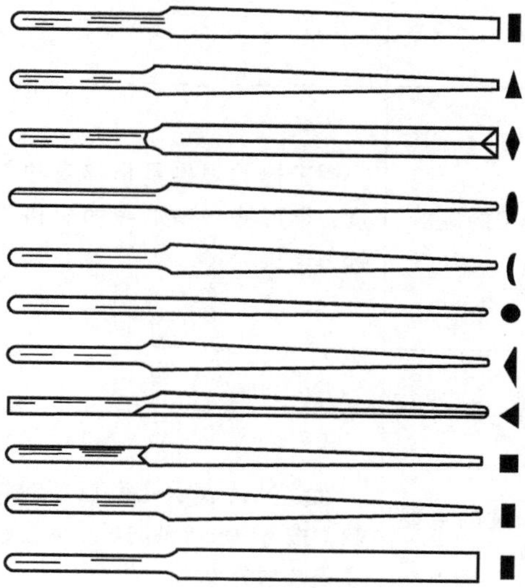 (c) 整形锉
锉刀的断面形状	钳工锉按锉刀近光坯锉身处的断面形状不同，又可分为扁锉、半圆锉、三角锉、方锉、圆锉等，其断面形状如图（a）～（e）所示。 　　异形锉用于加工特殊表面。按其断面形状不同，又可分为菱形锉、单面三角锉、刀形锉、双半圆锉、椭圆锉、圆边扁锉、棱边锉等。其断面形状如图（f）～（l）所示	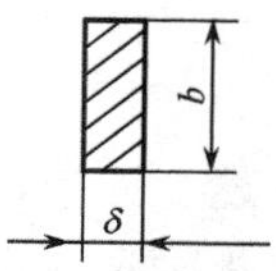 (a) 扁锉 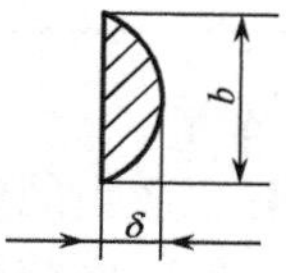　　(b) 半圆锉 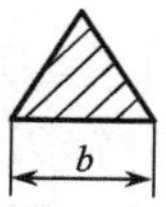　　(c) 三角锉 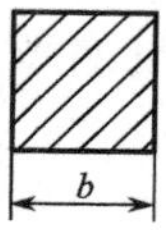 (d) 方锉 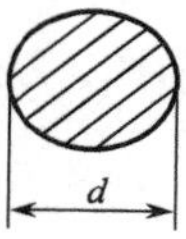　　(e) 圆锉 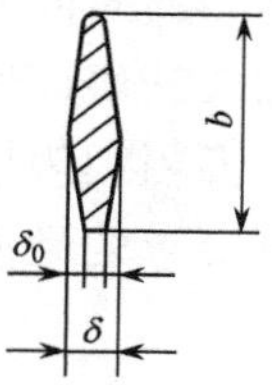　　(f) 菱形锉

续表

内　　容	相　关　知　识	图例及有关参数
		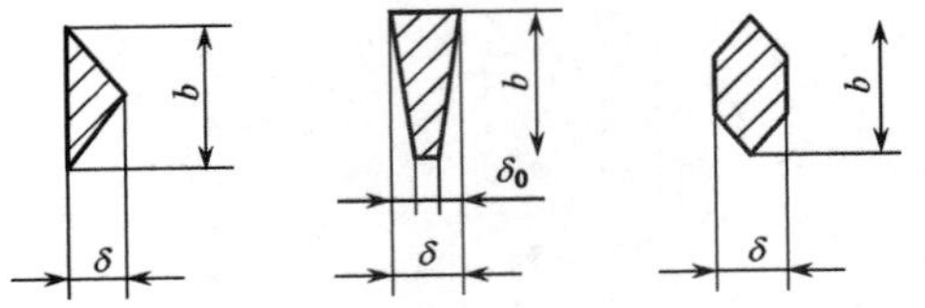 （g）单面三角锉　（h）刀形锉　（i）双半圆锉 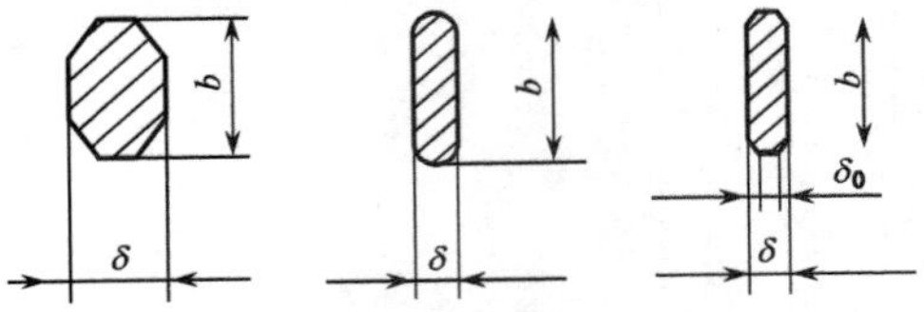　（j）椭圆锉　（k）圆边扁锉　（l）棱边锉
锉刀的规格	钳工锉的规格是指锉身的长度；异形锉和整形锉的规格指锉刀全长	钳工锉的长度规格有 100、125、150、200、250、300、350、400、450（mm）。异形锉的长度规格为 170mm。整形锉的长度规格有 100、120、140、160、180（mm）
锉纹的主要参数	锉纹号是表示锉齿粗细的参数，按每 10mm 轴向长度内主锉纹条数划分	钳工的锉纹号共分 5 种，分别为 1～5 号，锉齿的齿高不应小于主锉纹法向齿距的 45%。异形锉、整形锉的锉纹号共分 10 种，分别为 00、0、1、…、8 号，锉齿的齿高应不小于主锉纹法向齿距的 40%，而在距锉刀梢端 10mm 长度内齿高不小于 30%；用切齿法制成的锉刀齿高不小于主锉纹法向齿距的 30%

（2）锉刀的选择

　　每种锉刀都有它适当的用途，如果选择不当，就不能发挥它的效能，甚至会过早地丧失锉削性能。因此，锉削之前要正确选择锉刀。

　　锉刀的断面形状和长度，应根据被锉削工件的表面形状和大小选用。锉刀的形状应适应工件加工的表面形状，如图 4-1 所示。

　　锉刀粗细规格的选择，决定于工件材料的性质、加工余量的大小，以及加工精度和表面粗糙度要求的高低。

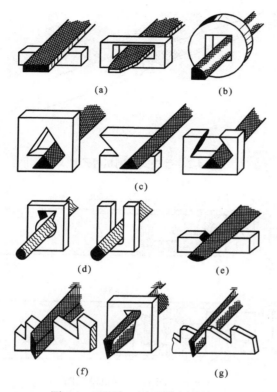

图 4-1　不同加工表面使用的锉刀

　　锉刀适宜的加工余量及能达到的加工精度和表面粗糙度，供选择的锉刀粗细规格选用见表 4-2。

表 4-2　锉刀粗细规格

锉　　刀	适 用 场 合		
	加工余量/mm	尺寸精度/mm	表面粗糙度/μm
1 号（粗锉）	0.5 ~ 1	0.2 ~ 0.5	$Ra100 ~ 25$
2 号（中锉）	0.2 ~ 0.5	0.05 ~ 0.2	$Ra12.5 ~ 6.3$
3 号（细锉）	0.1 ~ 0.3	0.02 ~ 0.05	$Ra12.5 ~ 3.2$
4 号（双细齿锉）	0.1 ~ 0.2	0.01 ~ 0.02	$Ra6.3 ~ 1.6$
5 号（油光锉）	0.1 以下	0.01	$Ra1.6 ~ 0.8$

　　手提式锉削机外形如图 4-2 所示。手提式锉削机结构如图 4-3 所示。将锉刀插在接头的槽内，用螺钉将其紧固。锥齿轮 1 上有个偏心孔，孔内的销子与连杆连接，锥齿轮 1 与装在电动机轴上的锥齿轮 2 啮合。当插销插上接通电源，电动机启动后，由锥齿轮 1 通过销子作曲拐转动，从而带动连杆和接头进行直线移动，这时，锉刀即作往复运动进行锉削。

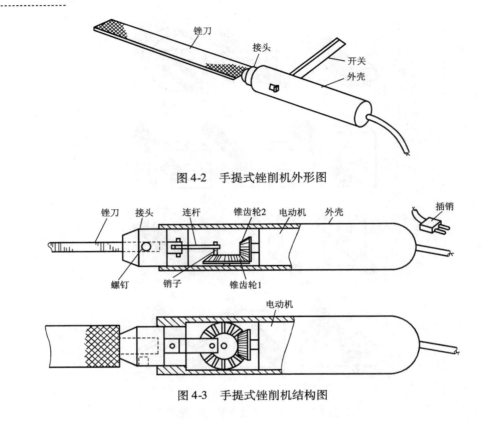

图 4-2　手提式锉削机外形图

图 4-3　手提式锉削机结构图

2. 锉削操作要领

锉刀握法及操作说明见表 4-3。锉削加工的方法及其动作要领见表 4-4。电动角向磨光机及抛光机的相关知识见表 4-5。

表 4-3　锉刀握法及操作说明

内容	操作示意图	操作说明
较大锉刀		较大锉刀一般指锉刀长度大于 250mm 的锉刀。较大锉刀的握法，如左图所示。右手握着锉刀柄，将柄外端顶在拇指根部的手掌上，大拇指放在手柄上，其余手指由下而上握住手柄。左手在锉刀上的握法有 3 种：左手掌斜放在锉梢上方，拇指根部肌肉轻压在锉刀刀头上，中指和无名指抵住梢部右下方；左手掌斜放在锉梢部，大拇指自然伸出，其余各指自然卷曲，小拇指、无名指、中指抵住锉刀前下方；左手掌斜放在锉梢上，各指自然平放

续表

内容	操作示意图	操作说明
中型锉刀	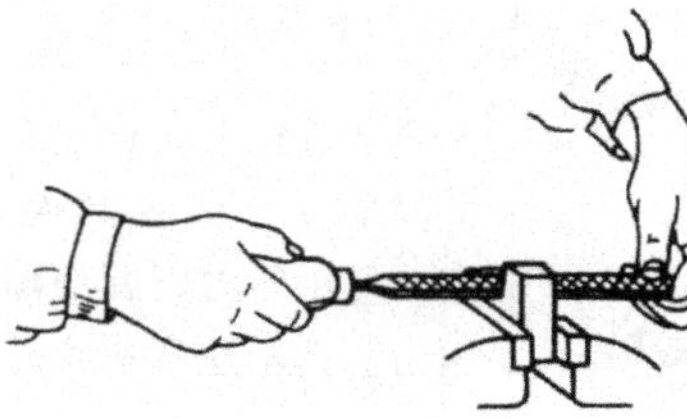	中型锉刀与较大锉刀握法相同，左手的大拇指和食指轻轻扶持锉刀，如左图所示
小型锉刀	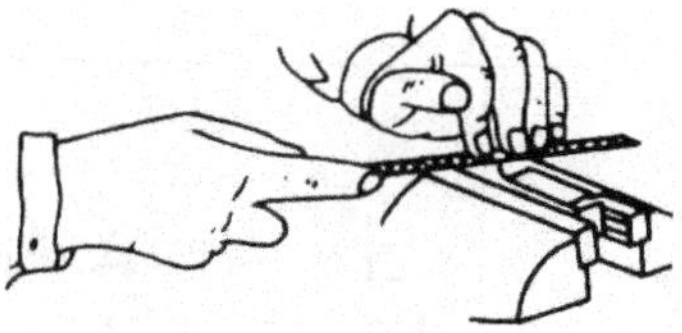	小型锉刀握法，如左图所示。右手的食指平直扶在手柄外侧面，左手手指压在锉刀的中部，以防锉刀弯曲
整形锉刀	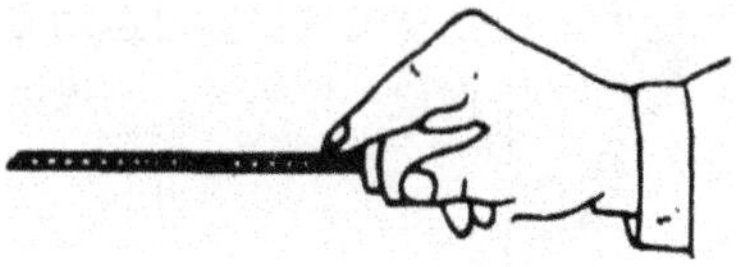	整形锉刀握法，如左图所示。单手握持手柄，食指放在锉身上方

表 4-4   锉削加工方法及其动作要领

内容	操作示意图	操作说明
站立姿势	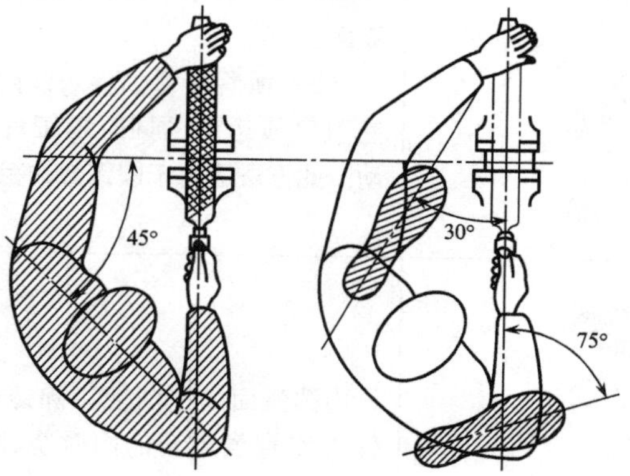 45° 30° 75°	左臂弯曲，小臂与工件锉削面的左右方向基本平行，右小臂与工件锉削面的前后方向保持平行
锉削动作	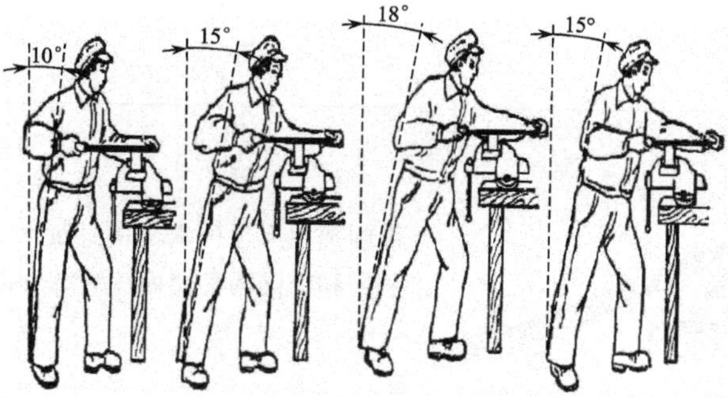 10° 15° 18° 15°	开始锉削时身体略前倾；锉削时身体先于锉刀一起向前，右脚伸直，左膝呈弯曲状，重心在左脚；当锉刀锉至行程将结束时，两臂继续将锉刀锉完行程，同时，左腿自然伸直，顺势将锉刀收回，身体重心后移，当锉刀收回即将结束，身体又先于锉刀前倾，作第二次锉削运动

金属加工与实训（钳工实训）

内容	操作示意图	操作说明
锉削时的两手用力		锉削行程中保持锉刀作直线运动。推进时右手压力要随锉刀推进而逐渐增加，左手压力则要逐渐减小，回程不加压力。锉削速度一般每分钟 40 次左右
平面锉削	50°~60°	直锉：锉刀运动方向与工件夹持方向始终一致，用于精锉。 交叉锉：锉刀运动方向与工件夹持方向成一定角度，一般用于粗锉
外圆弧面的锉削	(a)　(b)	（a）顺着圆弧面锉。锉削时，锉刀向前，右手下压，左手上提，同时绕工件圆弧中心转动。此方法适用于精锉圆弧面。 （b）横着圆弧面锉。锉削时，推动锉刀直线运动的同时随工件作圆弧摆动。此方法适用于圆弧面的粗加工
内圆弧面的锉削		内圆弧面的锉削使用圆锉或半圆锉。锉刀作直线运动的同时绕锉刀中心转动，并向左作微小移动
球面的锉削		锉削圆柱形工件端部的球面时，锉刀以顺向和横向两种曲面锉法结合进行

表 4-5　电动角向磨光机及抛光机的相关知识

名称	图 例	相 关 知 识
电动角向磨光机		切削过程大致可分为滑擦、刻划和切削三个阶段，故磨削的过程是一个复杂的切削过程。它存在磨粒对金属的挤压、滑擦、刻划和切削作用，且砂轮和工件之间还会掺入破碎和脱落的磨粒细末产生一定研磨作用。另外，磨削时有很大的塑性变形区，有大量的塑变金属仍留在以加工表面内，所以表面硬化现象和残余应力也比较严重。由于磨削时磨粒是在大负前角下进行切削，所以需要的径向压力比较大，一般为切削力的 1.6 ~ 3.2 倍。同时，在磨削时产生大量的热量，使工件磨削表面的温度很高
电动抛光工具	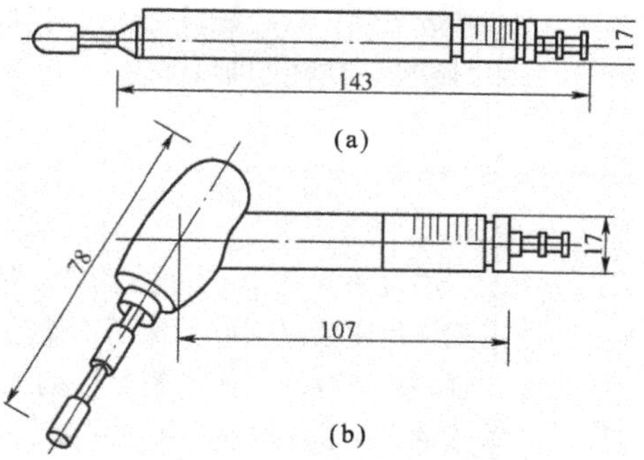 图 1　手持旋转气动抛光研磨器图 2　手持往复式研抛工具 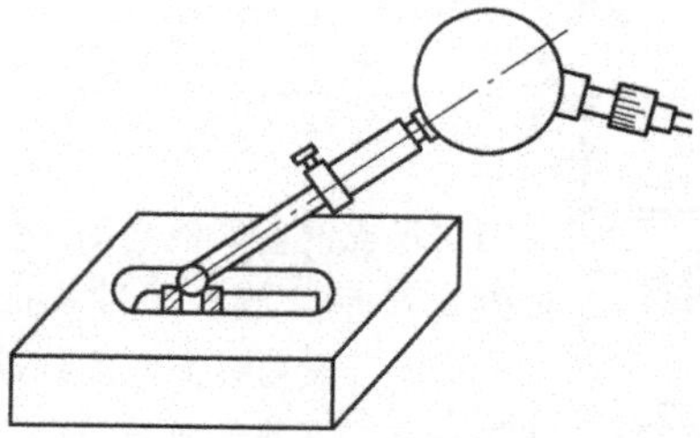	抛光是通过抛光工具和抛光剂对零件进行极其细微切削的加工方法。抛光常用于各类奖杯、金属工艺品、生活日用品、量块等精密量具和各类加工刀具，以及尺寸和几何形状要求较高的模具型腔、型芯及精密机械零件的抛光。 （1）手动砂轮机。利用手动砂轮机进行抛光加工，即用砂轮机上柔性布轮（或砂布叶轮）直接进行抛光。在抛光时，可根据工件抛光前原始表面粗糙度的情况及要求，选用不同规格的布轮或砂布叶轮，并按粗、中、细逐级进行抛光。 （2）手持角式旋转研抛头或手持直身式旋转研抛头。加工面为平面或曲率半径较大的规则面，采用手持角式旋转研抛头或手持直身式旋转研抛头并配以铜环，把抛光膏涂在工件上进行抛光加工，如图 1 所示。而对于加工面为小曲面或复杂形状的型面，则采用手持往复式抛光工具，也配以铜环，把抛光膏涂在工件上进行抛光加工，如图 2 所示。特别是对于某些外表面形状复杂、带有凸凹沟槽的部位，更需要采用往复式电动、气动或超声波手持研磨抛光工具，从不同角度对其不规则表面进行研磨修整及抛光

3. 锉削表面质量检测

锉削表面检测常用量具及测量方法见表 4-6。

表 4-6　锉削常用量具及其使用

名称	示意图	操作说明
游标卡尺		1. 测量前应校对零位。其主尺与副尺游标的零线正好对齐时，量爪两测量面贴合后应不透光或微弱透光。 2. 测量时两量爪分开至略大于被测尺寸，将固定量爪的侧面贴靠工件，然后轻轻推动副尺，使副尺量爪的测量面也紧靠工件，当卡尺测量面的连线垂直于被测工件表面时，读出读数。读数时，视线应垂直于卡尺刻线表面
千分尺		1. 使用前应"对零"（0～25mm）或用标准样棒校准。 2. 使用时旋动固定套筒，使两测量面接近工件，然后旋转棘轮，当棘轮发出"吱吱"声响后即可读数
直角尺	(a)　　(b)	用直角尺检查工件垂直度。使用时，先将尺座紧贴工件基准面，然后将角尺轻轻向下移动，使尺瞄与被测工件表面接触，目测透光情况，判断工件的垂直度
刀口尺或钢直尺	误差　误差	刀口尺或钢直尺检查平面度。刀口尺或钢直尺垂直放在工件表面上，沿纵向、横向、对角线方向多处逐一通过透光法检查，不透光或微弱透光则该平面是平直的；反之，该面不平

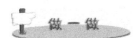
做一做

1. 装卸锉刀手柄及锉刀的使用与保养

装卸钳工锉的手柄和正确使用、保养锉刀方法见表 4-7。

表 4-7　装卸锉刀手柄及锉刀的使用与保养

内容	必要性	练习要领	示意图
装卸钳工锉手柄	钳工锉只有在装上手柄后，使用起来才方便省力。手柄常采用硬质木料或塑料制成，圆柱部分供镶铁箍用，以防止松动或裂开	安装时，先用两手将锉柄自然插入，再用右手持锉刀轻轻墩紧，或用手锤轻轻击打直至插入锉柄长度约为 3/4 为止，如图（a）所示。图（b）所示为错误的安装方法，因为单手持木柄墩紧，可能会使锉刀因惯性大而跳出木柄的安装孔。 　　拆卸手柄的方法，如图（c）所示。在台虎钳钳口上轻轻将木柄敲松后取下	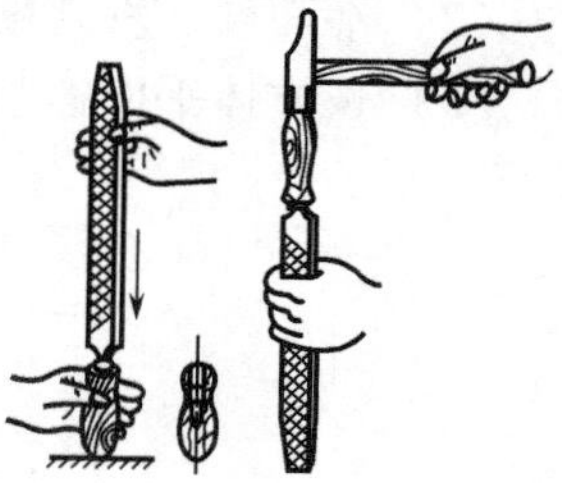 （a） 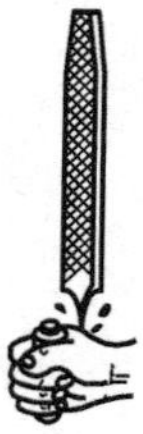 （b）  （c）
锉刀使用和保养	合理使用和正确保养锉刀，能延长锉刀的使用寿命，提高工作效率，降低生产成本	① 为防止锉刀过快磨损，不要用锉刀锉削毛坯件的硬皮或工件的淬硬表面，而应先用其他工具或用锉梢前端、边齿加工。 ② 锉削时应先用锉刀的同一面，待这个面用钝后再用另一面。因为使用过的锉齿易锈蚀。 ③ 锉削时要充分使用锉刀的有效工作面，避免局部磨损。 ④ 不能用锉刀作为装拆、敲击和撬物的工具，防止因锉刀材质较脆而折断。 ⑤ 用整形锉和小锉刀时，用力不能太大，防止锉刀折断。 ⑥ 锉刀要防水、防油。沾水后的锉刀易生锈，沾油后的锉刀在工作时易打滑。 ⑦ 锉削过程中，若发现锉纹上嵌有锉屑，要及时将其去除，以免锉屑刮伤加工面。锉刀用完后，要用钢丝刷或铜片顺着锉纹刷掉残留下的锉屑，如图（a）、（b）所示，以防生锈。千万不可用嘴吹锉屑，以防锉屑飞入眼内。 ⑧ 放置锉刀时要避免与硬物相碰，避免锉刀与锉刀重叠堆放，防止锉齿损坏	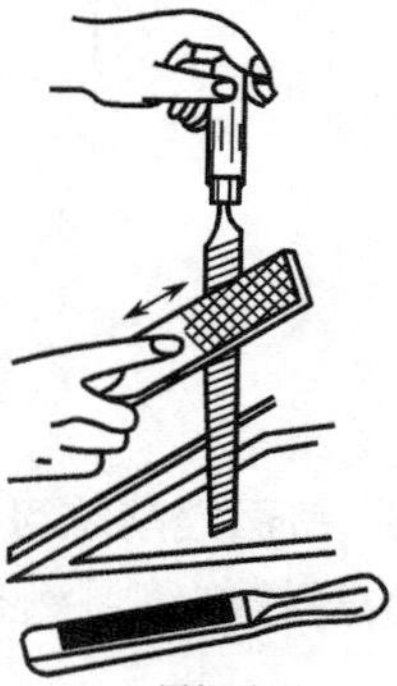 （a）用钢丝刷 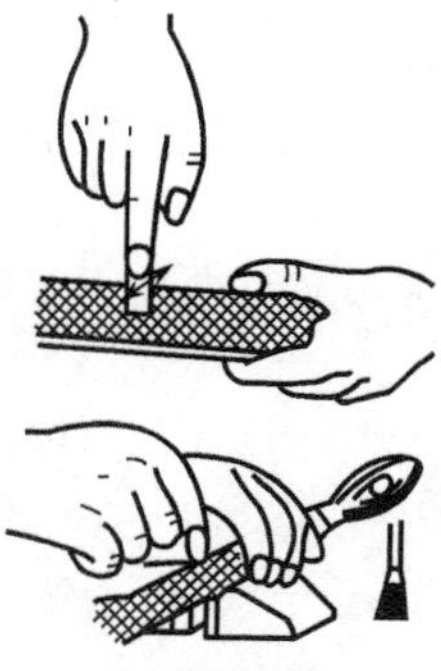 （b）用铜片刷

2. 长方体平面锉削练习

（1）了解锉不平的具体因素。

（2）平面度、垂直度检查方法。

（3）长方体平面锉削练习，如图 4-4、图 4-5 所示。

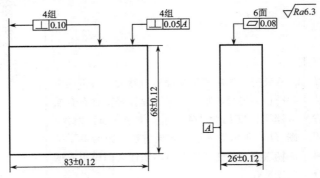

技术要求

1. 尺寸的最大与最小的差值不得大于 0.20mm。

2. 各锐边倒棱。

图 4-4　长方体平面锉削练习一

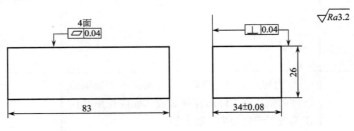

技术要求

1. 34mm 尺寸处，其最大与最小尺寸差值不得大于 0.08mm。

2. 各锐边倒棱。

图 4-5　长方体平面锉削练习二

3. 曲面锉削练习

通过锉削练习熟悉曲面锉削要领，练习示例如图 4-6 所示。

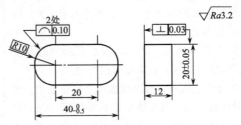

技术要求

1. 20mm 尺寸处，其最大与最小尺寸的差值不得大于 0.05mm。

2. 各锐边均匀倒棱。

图 4-6　曲面锉削练习

练一练

1. 平面锉削练习图样（图4-7）

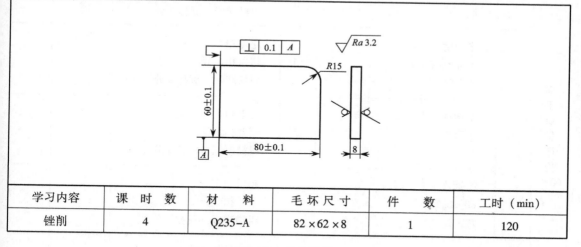

学习内容	课 时 数	材 料	毛 坯 尺 寸	件 数	工时（min）
锉削	4	Q235–A	82×62×8	1	120

图 4-7　练习图样

2. 锉削操作步骤

（1）认真分析解读图4-7，选择锉削工具，制订锉削工艺路线。

（2）锉削水平基准面 A。

（3）锉削水平基准面的平行面。

（4）锉削垂直基准面。

（5）锉削垂直基准面的平行面。

（6）锉削圆弧面。

3. 平面锉削质量评价（见表4-8）

表 4-8　平面锉削评分表

类型	项次	项目与技术要求	配分	评 定 方 法	实测记录	得分
过程评价 40%	1	能熟练识读锉削零件图样	10	否则扣10分		
	2	能正确制订锉削工艺路线	10	每错一项扣2分		
	3	能正确选用锉削工、量、刃具	5	每选错一样扣1分		
	4	锉削姿势正确	5	发现一项不正确扣2分		
	5	安全文明生产、劳动纪律执行情况	10	违者扣10分		

续表

类型	项次	项目与技术要求	配分	评 定 方 法	实测记录	得分
加工质量评价60%	1	平面度 $Ra3.2$	10	超差扣5分 粗糙度低一级扣2分		
	2	平面度 尺寸 60 ± 0.1 $Ra3.2$	15	超差扣5分 超差扣5分 粗糙度低一级扣2分		
	3	平面度 垂直度 $Ra3.2$	15	超差扣5分 超差扣5分 粗糙度低一级扣2分		
	4	平面度 80 ± 0.1 $Ra3.2$	10	超差扣5分 超差扣5分 粗糙度低一级扣2分		
	5	$R15$ 圆弧与平面的连接	10	不光滑扣3分 连接不光滑扣5分		

锉削注意事项

1. 掌握正确的锉削姿势是学好锉削技能的基础，因此必须练好锉削姿势。

2. 平面锉削的要领是锉削时保持锉刀的直线平衡运动。因此，在练习时要注意锉削力的正确运用。

3. 顺着圆弧锉时，锉刀上翘下摆的幅度要大，才容易锉圆。

4. 没有装柄的锉刀和锉刀柄开裂的锉刀不能使用。

5. 不能用嘴吹锉屑，也不能用手擦摸锉削表面。

6. 工具、量具要正确使用、合理摆放，做到文明生产。

单元5　钻　　削

学习目标

◇　学会进行台式钻床、手电钻的操作和调整。
◇　学会安装钻头，并能正确钻孔。
◇　学会正确刃磨麻花钻的方法。
◇　初步熟悉钻孔的基本技能。
◇　了解钻削的安全注意事项。

 知 识 储 备

　　钻孔时，钻头装夹在钻床主轴上，依靠钻头与工件之间的相对运动完成钻削加工。钻头的切削运动分为主运动和进给运动两种，如图 5-1 所示。

　　用钻头在实体材料上加工出孔的过程称为钻孔。

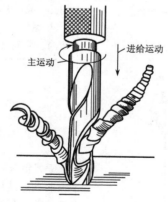

主运动　　进给运动

图 5-1　钻孔时钻头的运动

1. 钻削机械及钻孔辅件

（1）钻削机械

　　常用的钻削机械是钻床，钻床的种类很多，常用的钻床有台式钻床、立式钻床和摇臂钻床等。各种常用钻床的功用及相关知识见表 5-1。

表 5-1　常用钻床的功用及相关知识

类型	图　　例	功用及相关知识
台式钻床	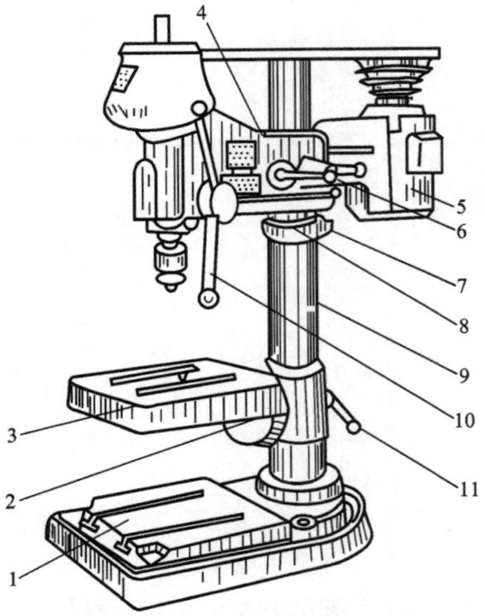 1—底座　2—锁紧螺钉　3—工作台 4—头架　5—电动机　6—手柄 7—螺钉　8—保险环　9—立柱 10—进给手柄　11—锁紧手柄	台式钻床是一种小型钻床，一般用来钻直径13mm 以下的孔。钻床的规格是指所钻孔的最大直径，常用 6mm 和 12mm 等几种规格。 左图所示是一种常见的台式钻床，主轴有 5 种转速。头架 4 连同电动机和五级带轮可在立柱 9 上作上下移动，同时可绕立柱轴心线任意转动，待调整到适当位置后用手柄锁紧。若要调低头架，先把保险环 8 调节到适当位置，用螺钉 7 锁紧在立柱上，然后略放松手柄 6，靠头架的自重落到保险环 8 上，再把手柄扳紧。工作台 3 也同样可上下移动，又可转动，调定后用锁紧手柄 11 固定。当松开锁紧螺钉 2 时，工作台可在垂直平面内左右倾斜 45°。工件较小时，可将工件放在工作台上钻孔。当工件较大时，可把工作台转开，直接放在钻床底座 1 上钻孔。由于台式钻床的最低转速较高（一般不低于 400r/min），因此不适于锪孔、铰孔。 使用台式钻床时应注意以下几点： ① 在使用过程中，工作台面必须保持清洁； ② 钻通孔时，必须使钻头能通过工作台面上的让刀孔，或在工件下垫上垫铁，以免钻坏工作台面； ③ 用毕后，必须将机床外露滑动面及工作台面擦净，并对各滑动面及各注油孔加注润滑油
立式钻床	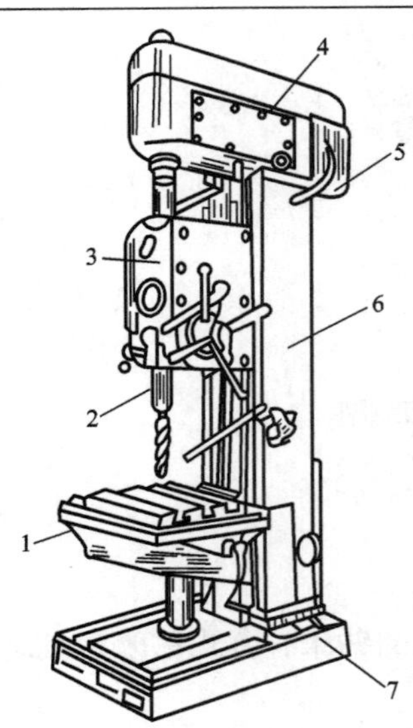 1—工作台　2—主轴　3—进给变速箱 4—主轴变速箱　5—电动机 6—床身　7—底座	立式钻床如左图所示，一般用来钻中小型工件上的孔，其规格有 25mm、35mm、40mm、50mm等几种。它的功率较大，可实现机动进给，因此，可获得较高的生产效率和加工精度。另外，它的主轴转速和机动进给量都有较大的变动范围，因而可适应于不同材料的加工，可进行钻孔、扩孔、锪孔、铰孔及攻螺纹等多种工作

单元 5 钻削

续表

类型	图 例	功用及相关知识
摇臂钻床	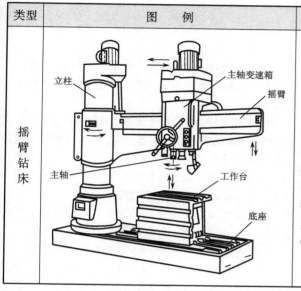 立柱　主轴变速箱　摇臂　主轴　工作台　底座	左图所示为摇臂钻床，用于大工件及多孔工件的钻孔。它需通过移（转）动钻轴对准工件上孔的中心来钻孔。主轴变速箱能沿摇臂左右移动，摇臂又能回转360°，因此，摇臂钻床的工作范围很大，摇臂的位置由电动涨闸锁紧在立柱上，主轴变速箱可用电动锁紧装置固定在摇臂上。工件不太大时，可将工件放在工作台上加工。如工件很大，则可直接将工件放在底座上加工。摇臂钻床除了用于钻孔外，还能扩孔、锪平面、锪孔、铰孔、镗孔和攻螺纹等

　　现代生产和生活中常用到另外一种钻削机械可以分为手电钻、冲击钻、锤钻 3 类。手电钻的优点是结构简单、重量轻、体积小、携带方便、不占空间、操作容易等。手电钻适用于大多数工作场所及不同的行业。手电钻的功用及相关知识见表 5-2。

表 5-2　手电钻的功用及相关知识

图例及说明	功用及相关知识
安装钻头时，先用钥匙拧松钻夹头，待插入钻头后再用钥匙旋紧钻夹头。左手握住把柄，右手食指扣动开关	手电钻是靠电磁旋转式或电磁往复式小容量电动机的电机转子做磁场切割做功运转，通过传动机构驱动作业装置，带动齿轮加大钻头的动力，从而使钻头刮削物体表面，更好地洞穿物体。使用时应注意以下几点： 　　1. 根据孔径选择相应规格的钻头； 　　2. 使用的电源要符合标牌规定值； 　　3. 手电钻外壳要采取接零或接地保护措施。插上电源插销，用试电笔测试确保外壳不带电方可使用； 　　4. 手电钻导线要保护好，严禁乱拖，防止轧坏、割破，更不准把电线拖到油水中，防止油水腐蚀电线； 　　5. 使用手电钻时一定要戴胶皮手套，穿胶布鞋；在潮湿的地方工作时，必须站在橡皮垫或干燥的木板上工作，以防触电； 　　6. 使用手电钻过程中发现电钻漏电、震动、高热或者有异声时，应立即停止工作，找电工检查修理；

续表

图例及说明	功用及相关知识
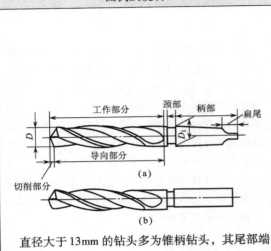 直径大于 13mm 的钻头多为锥柄钻头，其尾部端头有一个扁尾，如图（a）所示；直径在 13mm 以下的钻头都是柱柄式麻花钻头，如图（b）所示	7. 钻头锋利，钻孔时用力要适度。如用大力压电钻时，必须是电钻垂直工作，而且固定端要特别牢固； 8. 电钻的转速突然降低或停止转动时，应立即放松开关切断电源，慢慢拔出钻头。当孔要钻通时应适当减轻压力； 9. 使用时要注意观察电刷火花的大小，若火花过大应停止使用并进行检查维修； 10. 手电钻未完全停止转动时，不能拆卸更换钻头； 11. 在有易燃、易爆气体的场合不能使用电钻； 12. 不要在运行的仪表和计算机旁使用电钻，更不能与操作的仪表和计算机共用一个电源； 13. 在潮湿的地方使用电钻，必须戴绝缘手套，穿绝缘鞋； 14. 注意电钻的维护与保养，保持整流子清洁，定期更换电刷和润滑油

（2）钻孔辅件

钻孔辅件主要包括钻头及装夹工件的辅助器具及设备，常用的钻孔辅件功用及其相关知识见表5-3。

表5-3　钻孔辅件功用及相关知识

名　　称	图　　例	功用及其相关知识
钻夹头	与钻床主轴锥孔配合 紧固扳手 自动定心夹爪	直柄钻头的装夹 切削时扭矩较小，且夹紧力过小，容易产生跳动

单元
5
钻
削

续表

名　称	图　例	功用及其相关知识
锥柄钻头	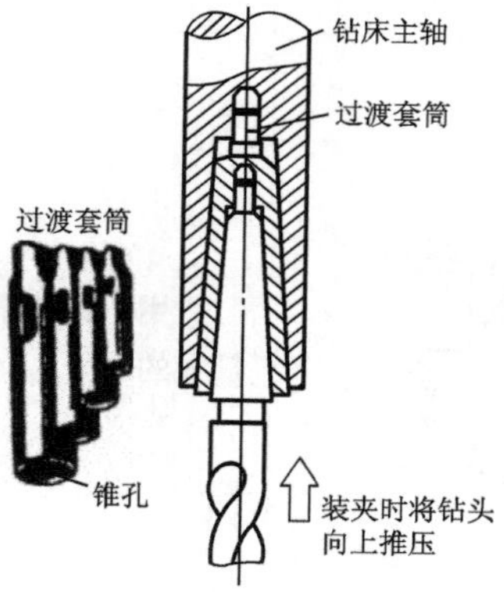	直接或通过钻套将钻头和钻床主轴锥孔配合，这种方法配合牢靠、同轴度高。 　　注意：换钻头时，一定要停车，以确保安全
手钳	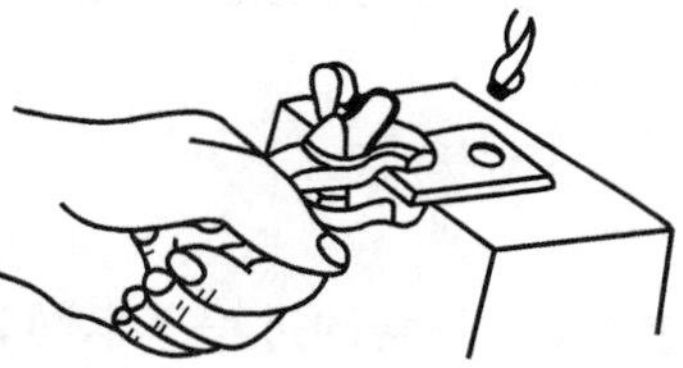	夹持工件 1. 钻孔直径在 8mm 以下； 2. 工件握持边应倒角； 3. 孔将钻穿时，进给量要小
平口钳	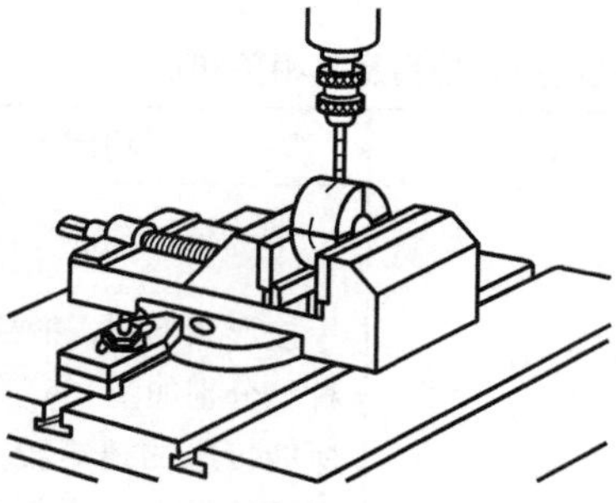	夹持工件 　　直径在 8mm 以上或用手不能握牢的小工件
V 形架和压板	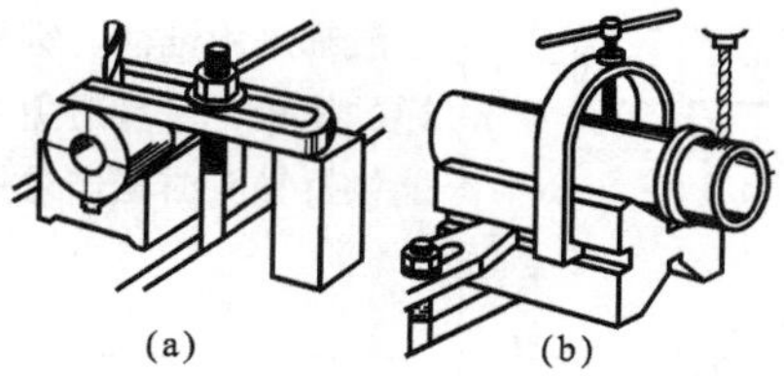 (a)　　　　　(b)	夹持工件 　　1. 钻头轴心线位于 V 形架的对称中心； 　　2. 钻通孔时，应将工件钻孔部位离 V 形架端面一段距离，避免将 V 形架钻坏
压板	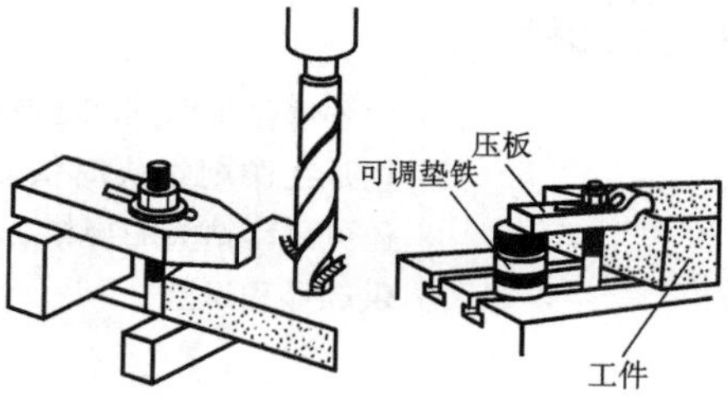 (a)　　　　　(b)	夹持工件 　　1. 钻孔直径在 10mm 以上； 　　2. 压板后端须根据工件高度用垫铁调整

续表

名　　　称	图　　例	功用及其相关知识
钻床夹具	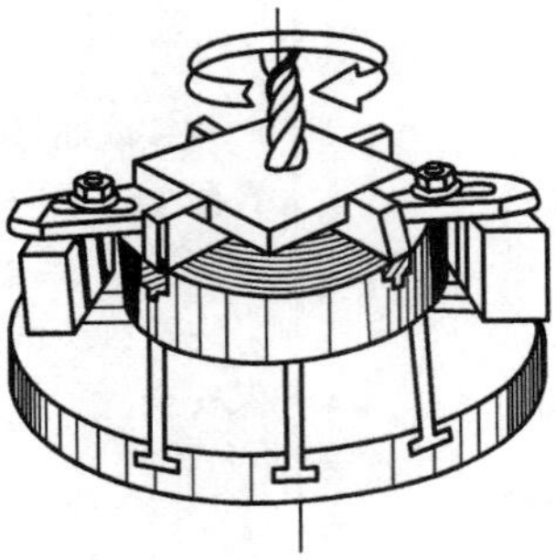	夹持工件 适用于钻孔精度要求高、零件生产批量大的工作

2. 钻头及其刃磨

（1）麻花钻钻头组成及功用

麻花钻的组成、功用及其相关知识见表 5-4，其装卸过程基本同表 5-2 手电钻钻头的装卸过程。

表 5-4　麻花钻的组成、功用及其相关知识

组成部分	图　　例	功用及其相关知识
柄部	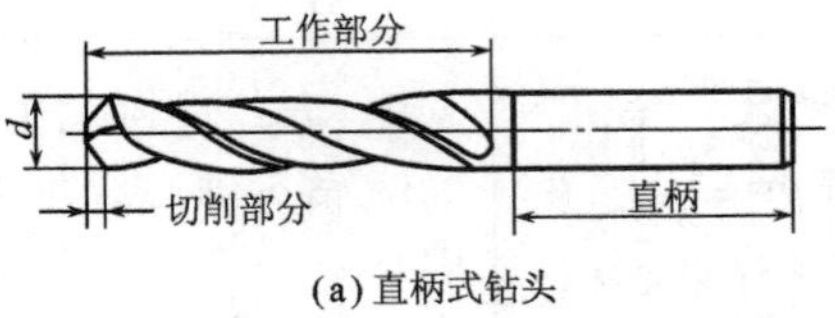 （a）直柄式钻头 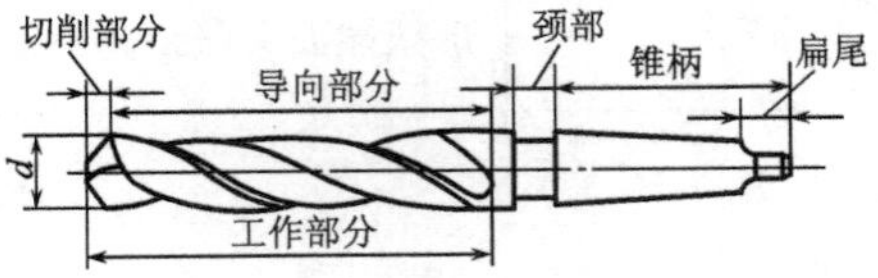	按形状不同，柄部可分为直柄和锥柄两种，分别如图（a）和图（b）所示。直柄所能传递的扭矩较小，用于直径在 13mm 以下的钻头。当钻头直径大于 13mm 时，一般都采用锥柄。锥柄的扁尾既能增加传递的扭矩，又能避免工作时钻头打滑，还能供拆钻头时敲击之用
颈部	 （b）锥柄式钻头	颈部位于柄部和工作部分之间，主要作用是在磨削钻头时供砂轮退刀用；其次，还可刻印钻头的规格、商标和材料等，以供选择和识别

续表

组成部分		图　例	功用及其相关知识
工作部分	切削部分	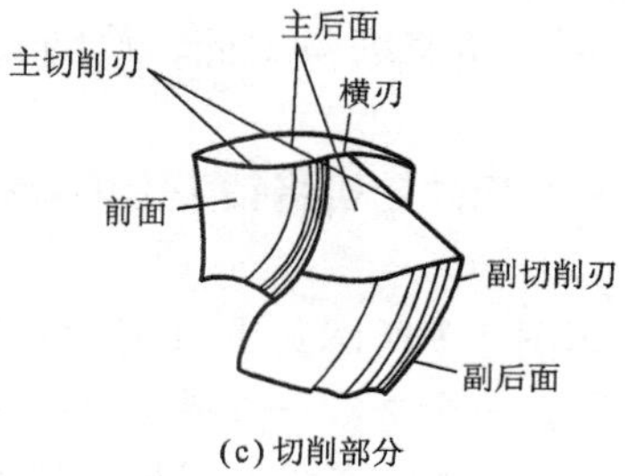 （c）切削部分	切削部分承担主要的切削工作。切削部分共有六面五刃，如图（c）所示。 ① 两个前刀面：切削部分的两螺旋槽表面。 ② 两个后刀面：切削部分顶端的两个曲面，加工时它与工件的切削表面相对。 ③ 两个副后刀面：与已加工表面相对的钻头两棱边。 ④ 两条主切削刃：两个前刀面与两个后刀面的交线，其夹角称为顶角（2ϕ），通常为 116°～118°。 ⑤ 两条副切削刃：两个前刀面与两个副后刀面的交线。 ⑥ 一条横刃：两个后刀面的交线
	导向部分		在钻孔时起着引导钻削方向和修光孔壁的作用，同时也是切削部分的备用段。导向部分的各组成要素的作用是： ① 螺旋槽。两条螺旋槽使两个刀瓣形成两个前刀面，每一刀瓣可看做一把外圆车刀。切屑的排出和切削液的输送都是沿此槽进行的。 ② 棱边。在导向面上制得很窄且沿螺旋槽边缘突起的窄边称为棱边。它的外缘不是圆柱形，而是被磨成倒锥形，即直径向柄部逐渐减小。这样，棱边既能在切削时起导向及修光孔壁的作用，又能减少钻头与孔壁的摩擦
钻心			两螺旋形刀瓣中间的实心部分称为钻心。它的直径向柄部逐渐增大，以增强钻头的强度和刚性

（2）钻头的刃磨

标准麻花钻钻头在使用过程中，为了满足使用要求或在钻头磨损后，通常对其切削部分进行修磨，以改善切削性能。因此，钻头刃磨也成为钳工所要掌握的必备技能之一。

① 钻头的刃磨方法

分析造成钻头磨损的主要原因如下：

a. 因为钻孔是一种半封闭式切削，切屑不易排出，切屑、钻头与工件之间摩擦力很大，易产生很高的温度。一般高速钢钻头只能在 560℃ 左右保持原有硬度，钻孔过程中如果转速过高、切割速度过快，当钻削温度超过这个温度时，钻头硬度就会下降而失去切削性能，这时如果钻头继续与工件摩擦，就会导致钻头烧损。

b. 在钻头主切削刃上，越接近外径，切削速度越大，温度越高。本来钻孔时切削液就难以直接浇注到切削区，若切削液过少或冷却的位置不对时，也能引起钻头烧损。

c. 钻头的副后角为 0°，靠近切削部分的棱边与孔壁的摩擦比较严重，容易发热和磨损。

d. 主切削刃外沿处的刀尖的前角很大，刀齿薄弱，而此处的切削速度却最高，产生的切削热最多，磨损极为严重。

e. 被加工件材料硬度过高，切削刃很快被磨钝，失去切削性能，相互摩擦以致烧损。

f. 钻头钻心横刃过长，轴向力增加，切削刃后角修磨得太低，使钻头后刀面与被加工材料的接触面相互挤压，也容易使钻头烧损。

钻头磨损后就需要进行刃磨。刃磨钻头就是使用砂轮机将钻头上的烧损处磨掉，恢复钻头原有的锋利和正确角度。

钻头刃磨得正确与否对钻孔的影响情况，如图 5-2 所示：图（a）为刃磨正确，所以钻出的孔也规范；图（b）为两个锋角磨得不对称，一个大、一个小；图（c）为两个主切削刃长度刃磨的不一致；图（d）为两个锋角不对称，并且主切削刃长度也不一致。钻头刃磨得不正确，都会影响钻孔质量。如果后角磨得太小甚至成为负后角，磨出的钻头就不能使用。刃磨钻头时，使用的砂轮粒度一般为 46～80 粒，硬度最好采用中软级的氧化铝砂轮，且砂轮圆柱面和侧面都要平整。砂轮在旋转中不得跳动，在跳动很厉害的砂轮上是磨不好钻头的。

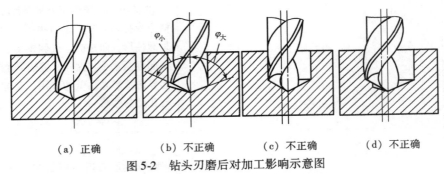

（a）正确　　（b）不正确　　（c）不正确　　（d）不正确

图 5-2　钻头刃磨后对加工影响示意图

② 麻花钻的修磨方法

钻头使用后变钝或根据不同的钻削要求而需要改变钻头切削部分的几何形状时，需要对钻头进行修磨，具体修磨部位和方法见表 5-5。

表 5-5   麻花钻的修磨

修磨部位	图 示	修 磨 效 果
修磨横刃并增大靠近钻心处的前角	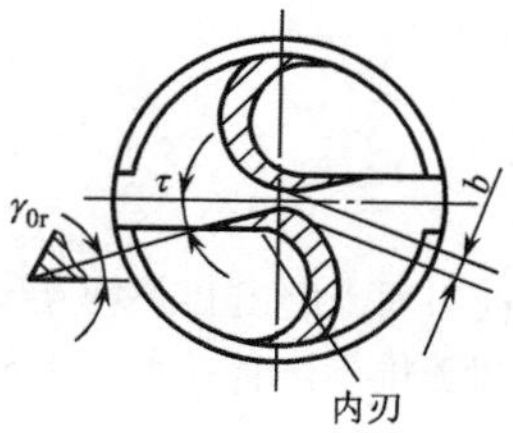 (a) 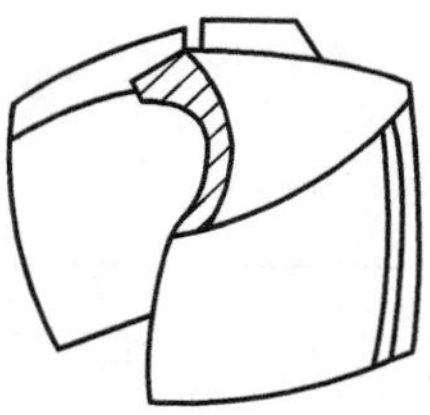 (b)	修磨后横刃的长度 b 到原来的 1/3 ~ 1/5，以减少轴向抗力和挤刮现象，提高钻头的定心作用和切削的稳定性。同时，在靠近钻心处形成内刃，内刃斜角 $\tau = 20° \sim 30°$，内刃处前角 $\gamma_{0r} = 0° \sim -15°$，切削性能得以改善，如图（a）所示。一般直径在 5mm 以上的钻头均须修磨横刃，工件材料硬，横刃可少磨去些；工件材料软，横刃可多磨去些。 修磨横刃时，磨削点大致在砂轮水平中心面以上，钻头与砂轮的相对位置如图（b）所示。钻头与砂轮侧面构成 15°角（向左偏），与砂轮中心面约构成 55°角。刃磨开始时，钻头刃背与砂轮圆角接触，磨削点逐渐向钻心处移动，直至磨出内刃前面。修磨中，钻头略有转动，磨削量由大到小。当磨至钻心处时，应保证内刃前角、内刃斜角、横刃长度准确。磨削动作要轻，防止刀口退火或钻心过薄
修磨主切削刃	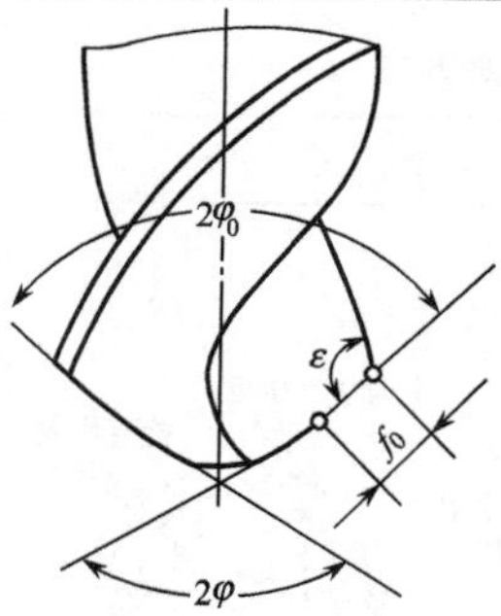 $2\varphi_0$ ε f_0 2φ	修磨主切削刃主要是磨出第二顶角 $2\varphi_0$（70° ~ 75°）。在钻头外缘处磨出过渡刃（$f_0 = 0.2D$），以增大外缘处的刀尖角，改善散热条件，增加刀齿强度，提高切削刃与棱边交角处的耐磨性，延长钻头耐用度，减少孔壁的残留面，有利于减小孔的粗糙度
修磨棱边	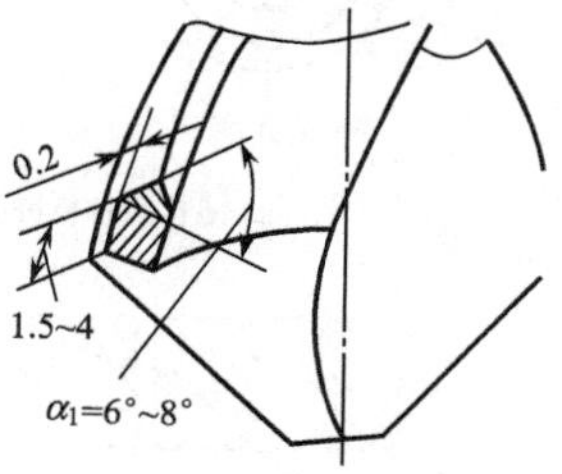 0.2 1.5~4 $\alpha_1 = 6° \sim 8°$	在靠近主切削刃的一段棱边上，磨出副后角 $\alpha_1 = 6° \sim 8°$，并保留棱边宽度为原来的 1/3 ~ 1/2，以减少对孔壁的摩擦，提高钻头耐用度
修磨前刀面	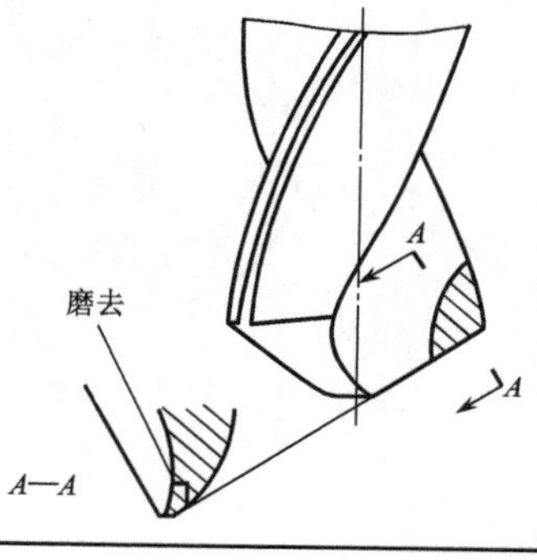 磨去 A A $A—A$	修磨外缘处前刀面，可以减少此处的前角，提高刀齿的强度，钻削黄铜时可以避免"扎刀"现象

续表

修磨部位	图　　示	修　磨　效　果
修磨分屑槽	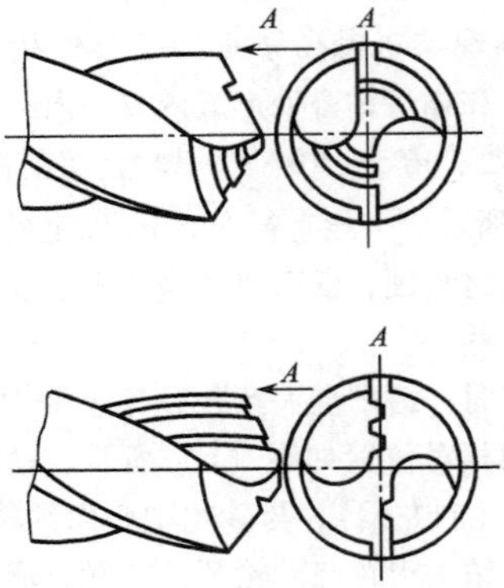	在后刀面或前刀面上磨出几条相互错开的分屑槽，使切屑变窄，以利于排屑。直径大于 15mm 的钻头都可磨出分屑槽

3. 钻孔的操作要领

钻孔加工的操作要点及注意事项见表 5-6。

表 5-6　钻孔操作要点及注意事项

内容	操作要点及注意事项	示　意　图
确定加工界线	钻孔前，要在工件上打样冲眼作为加工界线，中心眼应打大些，如图（a）所示。钻孔时先用钻头在孔的中心锪一小坑（约为孔径的 1/4），检查小坑与所划圆是否同心。如果稍有偏离，可用样冲将中心冲大矫正或移动工件矫正；如果偏离较多，可用窄錾在偏斜相反方向凿几条槽后再钻，便可以逐渐将偏斜部分矫正过来，如图（b）所示	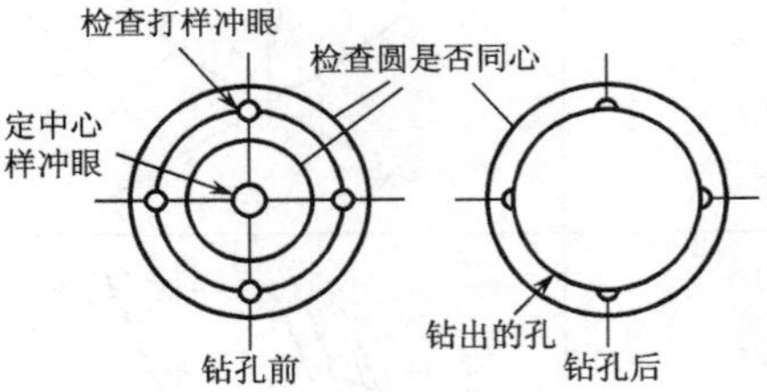 （a）钻孔前打样冲眼
钻通孔	工件下面应放垫铁，或把钻头对准工作台的空槽。在孔将被钻透时，进给量要小，变自动进给为手动进给，避免钻头在钻穿的瞬间抖动，出现"啃刀"现象，从而影响加工质量，损坏钻头，甚至发生事故	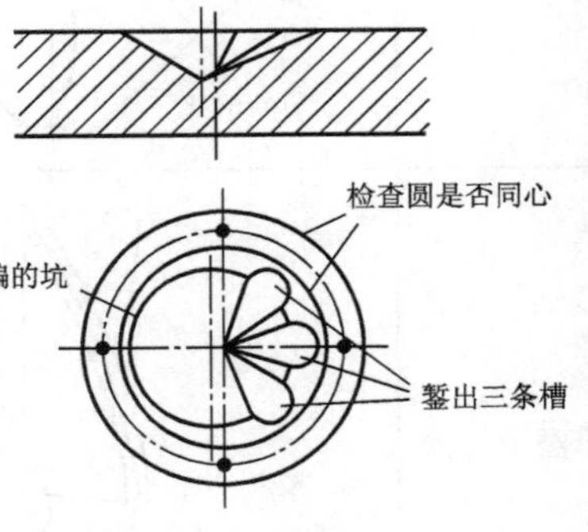 （b）錾槽纠正钻偏的孔
钻盲孔	要注意掌握钻孔深度，控制钻孔深度的方法有： ① 调整好钻床上深度标尺挡块； ② 安置控制长度量具或用划线做记号	

续表

内容	操作要点及注意事项	示 意 图
钻深孔	用接长钻头加工，加工时要经常退钻排屑，如为不通孔，则需注意测量与调整钻深挡块	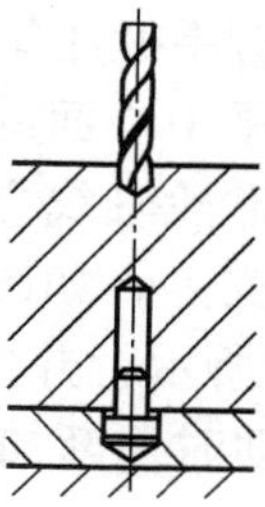
钻大孔	直径 D 超过 30mm 的孔应分两次钻：第一次用 $(0.5\sim0.7)D$ 的钻头先钻；第二次再用所需直径的钻头将孔扩大。这样，既有利于钻头负荷分担，也有利于提高钻孔质量	
斜面钻孔	1. 在工件钻孔处铣一小平面后钻孔。 2. 用錾子先錾一小平面，再用中心钻钻一锥坑后钻孔	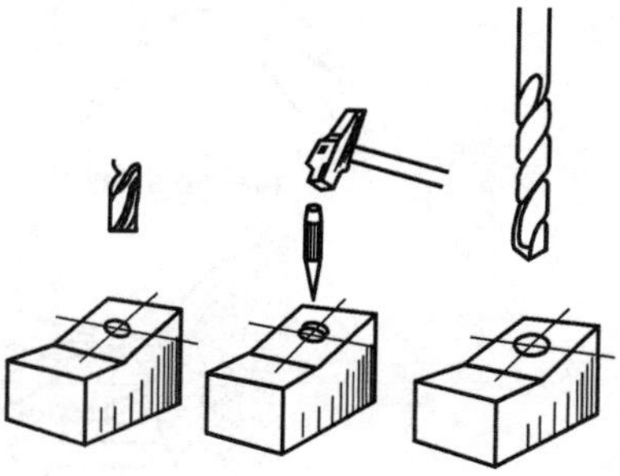
钻半圆孔与骑缝孔	1. 可把两件合起来钻削。 2. 两件材质不同的工件钻骑缝孔时，打样冲眼应打在略偏向硬材料的一边。 3. 使用半孔钻	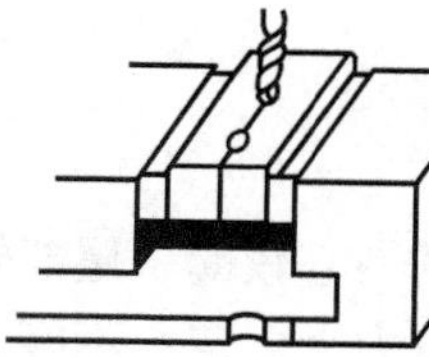
切削液的选择	钻削钢件时，为降低表面粗糙度多使用机油做冷却润滑油；为提高生产率则多使用乳化液。钻削铝件时，多用乳化液、煤油作为切削液；钻削铸铁件时，用煤油为切削液	

做一做

1. 麻花钻的修磨

麻花钻的前角是由钻头上的螺旋角来确定的，通常不刃磨。麻花钻的锋角、后角和横刃斜角，在磨钻头的后面时一起磨出这 3 个角。

　　初学磨钻头，可取新的标准钻头在砂轮停止转动的时候，用标准钻头与砂轮水平中心面的外圆处接触，按照标准钻头上的角度和刀面，以刃磨的姿势缓慢转动，并始终使钻头与砂轮间贴合，通过这样的一比一磨、一磨一比，掌握刃磨要领。

　　刃磨时，右手握住钻头的头部作为定位支点，使钻头的主切削刃成水平。钻刃轻轻地接触砂轮水平中心面的外圆，如图 5-3（a）所示，即磨削点在砂轮中心的水平位置。钻头中心线和砂轮轴线之间的夹角等于顶角的一半（58°～59°），左手握住钻头柄部，以右手为定心支点，如图 5-3（b）所示。慢慢地使钻头绕中心转动，把钻尾往下压，如图 5-3（c）所示，并作上下扇形摆动，摆动角约等于钻头后角角度，同时顺时针转动约 45°，转动时逐渐加重手指的力量，将钻头压向砂轮，这一动作要协调，直到钻头符合要求为止。

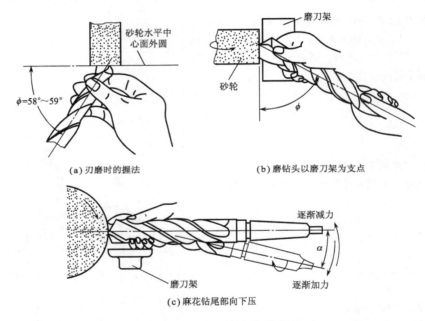

图 5-3　麻花钻刃磨姿势示意图

　　麻花钻的钻心较薄、尾部较厚，当钻头磨短之后，横刃就会变长。横刃长了，切削条件变差，轴向抗力大，定心不好，因此，使用短钻头时应该对横刃进行修磨。修磨后的横刃长度可等于钻头直径的 0.1 倍。其修磨方法是：钻头轴线左摆，刃背（钻头后面的外沿）靠上砂轮的右角，在水平面内与砂轮侧面的夹角约 15°，如图 5-4（a）所示；在垂直面内与砂轮中心线的夹角约 55°，如图 5-4（b）所示。磨削点由外刃背沿棱线逐渐向钻心移动，并慢慢转动钻头，逐渐减小压力磨至内刃前面。磨至钻心时要保证内刃与砂轮侧面的夹角约为 25°，如图 5-4（c）所示，并要防止钻心磨得过薄。修磨的横刃应在正中间，两侧修磨量要均匀对称。修磨量不要过多，注意保持内刃的强度。对称性要求较高的大直径钻头，磨完后应夹到钻床上试一试，用手扳动主轴，把横刃对准工件上钻孔处，看它是否在钻孔中心旋转，如果偏向一边，则需进一步修磨。

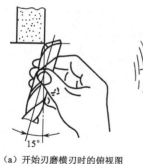（a）开始刃磨横刃时的俯视图　　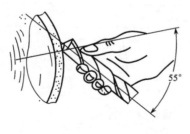（b）刃磨侧刃的俯视图　　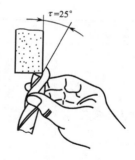（c）刃磨完的俯视图

图5-4　刃磨钻头横刃示意图

2. 装夹钻头

直柄钻头的直径小，切削时扭矩较小，可用钻夹头装夹。钻夹头用紧固扳手拧紧后，再和钻床主轴配合，由主轴带动钻头旋转。这种方法简便，但夹紧力小，容易产生跳动。

锥柄钻头可直接或通过钻套（或称过渡套）将钻头和钻床主轴锥孔配合，如图5-5所示。这种方法配合牢靠，同轴度高。锥柄末端的扁尾用来增加传递的力量，避免刀柄打滑，并便于卸下钻头。

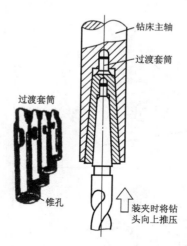

图5-5　锥柄钻头的装夹

注 意

换钻头时，一定要停车，以确保安全。

3. 装夹工件

为保证工件的加工质量和操作安全，钻削的工件必须牢固地装夹在夹具或工作台上。常用的装夹方法见表5-7。

表 5-7　工件的装夹方法

装 夹 方 法	示 意 图	序 号 含 义
用手虎钳装夹		
用 V 形铁装夹		1—手虎钳 2—工件 3—压紧螺钉 4—弓架 5—工件 6—V 形铁 7—工件 8—压板 9—垫铁
用平口钳装夹	垫铁垫平	
用压板、螺钉装夹	压板应垫平，以免夹紧时工件移动	

4. 一般工件的钻孔

钻孔前应在工件上划出所要钻孔的十字中心线和直径。在孔的圆周上（90°位置）打 4 只样冲眼，供钻孔后的检查用。孔中心的样冲眼作为钻头定心用，应当大而深，使钻头在钻孔时不要偏离中心。

钻孔开始时，先调正钻头或工件的位置，使钻尖对准钻孔中心，然后试钻一浅坑，如果钻出的浅坑与所划的钻孔圆周线不同心，可移动工件或钻床主轴予以找正。若钻头较大，或浅坑偏得较多，用移动工件或钻头的方法很难取得效果，这时可在原中心孔上用样冲加深样冲眼深度或用油槽錾出几条沟槽，如图 5-6 所示，以减少此处的切削阻力使钻头移偏过来，达到找正的目的。当试钻达到同心要求后继续钻孔，孔将要钻穿时必须减小进给量，如采用自动进给的，此时最好改为手动进给，以减少孔口的毛刺，并防止钻头折断或钻孔质量降低等现象。

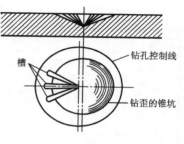

图 5-6　钻夹具夹持工件

　　钻不通孔时，可按钻孔深度调整挡块，并通过测量实际尺寸来控制钻孔深度。

　　钻深孔时，一般钻进深度达到直径的 3 倍时，钻头要退出排屑，以后每钻进一定深度，钻头即退出排屑一次，以免切屑阻塞而扭断钻头。

　　钻直径超过 30mm 的孔可分两次钻削：先用 $(0.5 \sim 0.7) D$ 的钻头钻孔，然后再用直径为 D 的钻头扩孔。这样可以减小转矩和轴向阻力，既保护了机床，同时又可提高钻孔质量。

 **练一练**

1. 钻孔加工的零件图（图 5-7）

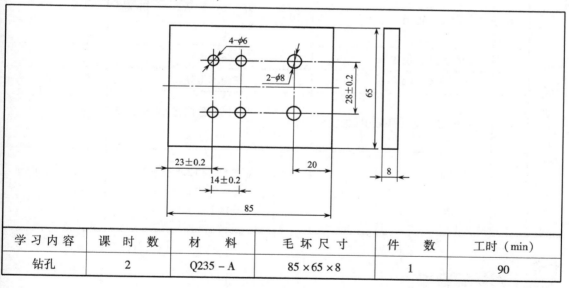

学 习 内 容	课 时 数	材　　料	毛 坯 尺 寸	件　　数	工时（min）
钻孔	2	Q235 – A	85×65×8	1	90

图 5-7　零件图

2. 钻孔操作步骤

（1）认真分析解读图 5-7，选择钻床、钻头，制订钻削工艺路线。

（2）按图样要求划 4-φ6、2-φ8 孔的中心线，找到中心位置。

（3）在 φ6、φ8 孔的中心冲眼，划出孔的圆周线。

（4）装夹工件。

（5）起钻出浅坑；观察浅坑与划线圆是否同轴，如果偏心，及时矫正。

（6）起钻达到钻孔位置要求后，进给完成钻孔，用同样的方法依次完成其他孔的钻削。

3. 钻孔加工质量评价

钻孔加工质量评价见表5-8。

表5-8 钻孔质量评分表

类型	项次	项目与技术要求	配分	评定方法	实测记录	得分
过程评价 40%	1	能熟练识读孔加工图样	10	否则扣10分		
	2	能正确制订钻孔加工工艺路线	10	每错一项扣2分		
	3	能正确选用钻孔相关工、量、刃具	5	每选错一样扣1分		
	4	钻削姿势正确	5	发现一项不正确扣2分		
	5	安全文明生产、劳动纪律执行情况	10	违者扣10分		
加工质量评价 60%	1	划线是否正确	10	偏差大于0.3mm扣2.5分×4		
	2	冲眼大小、位置	10	总体评定		
	3	矫正是否正确	5	不正确不得分		
	4	浅坑与划线圆周线的同轴度	18	不同轴度偏差太大扣3分×6		
	5	孔径 $\phi6$、$\phi8$ 孔距14、28、23 表面质量	5 6 6	偏差太大扣2.5分×2 偏差太大扣2分×3 太差扣1分×6		

 钻孔注意事项

1. 操作钻床时不准戴手套，女生必须戴工作帽。

2. 工件必须夹紧，孔将钻穿时进给力要小。

3. 钻孔时的切屑不可用棉纱或嘴吹来清除，必须用毛刷或钩子来清除。

4. 严禁在开车状态下装拆工件，停车时不可用手去刹主轴。

5. 钻小孔时进给力要小，钻深孔时要经常退钻排屑。

6. 起钻坑位置不正确的矫正必须在锥坑外圆小于钻头直径之前完成。

7. 钻孔加工废品产生的原因和防止见表5-9。

8. 钻孔时钻头损坏的原因和预防方法见表5-10。

表5-9　钻孔加工废品产生的原因和防止

废品形式	废品产生原因	防止方法
孔径大	1. 钻头两切削刃长度不等，角度不对称； 2. 钻头产生摆动	1. 正确刃磨钻头； 2. 重新装夹钻头，消除摆动
孔呈多角形	1. 钻头后角太大； 2. 钻头两切削刃长度不等，角度不对称	正确刃磨钻头，检查顶角、后角和切削刃
孔歪斜	1. 工件表面与钻头轴线不垂直； 2. 进给量太大，钻头弯曲； 3. 钻头横刃太长，定心不良	1. 正确装夹工件； 2. 选择合适进给量； 3. 磨短横刃
孔壁粗糙	1. 钻头不锋利； 2. 后角太大； 3. 进给量太大； 4. 冷却不足，切削液润滑性能差	1. 刃磨钻头，保持切削刃锋利； 2. 减小后角； 3. 减少进给量； 4. 选用润滑性能好的切削液
孔位偏移	1. 划线或样冲眼中心不准； 2. 工件装夹不准； 3. 钻头横刃太长，定心不准	1. 检查划线尺寸和样冲眼位置； 2. 工件要装稳夹紧； 3. 磨短横刃

表5-10　钻孔时钻头损坏的原因和预防方法

损坏形式	损坏原因	预防方法
钻头工作部分折断	1. 用钝钻头钻孔； 2. 进给量太大； 3. 切屑塞住钻头螺旋槽，未及时排出； 4. 孔快钻通时，进给量突然增大； 5. 工件松动； 6. 钻孔产生歪斜，仍继续工作	1. 把钻头磨锋利； 2. 正确选择进给量； 3. 钻头应及时退出，排出切屑； 4. 孔快钻通时，减少进给量； 5. 将工件装稳紧固； 6. 纠正钻头位置，减少进给量
切削刃迅速磨损	1. 切削速度过高，切削液不充分； 2. 钻头刃磨角度与工件硬度不适应	1. 降低切削速度，充分冷却； 2. 根据工件硬度选择钻头刃磨角度

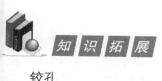

知识拓展

铰孔

1. 铰孔基本常识

铰孔基本常识见表5-11。

表 5-11　铰孔基本常识

项目	图　例	基 本 常 识	刃具及形式	注 意 事 项
铰孔	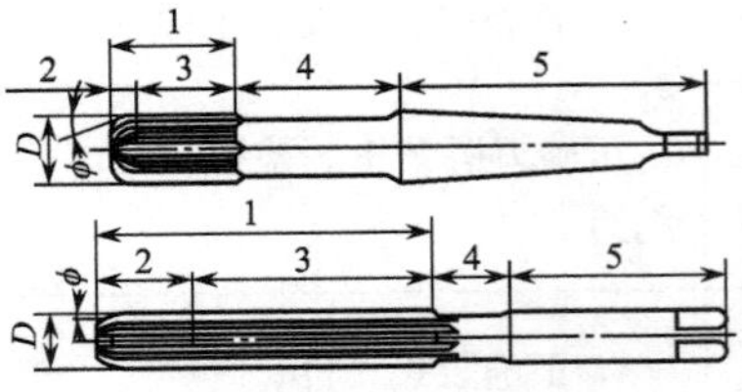 1-刀体　2-切削部分　3-修光部分 4-颈部　5-柄部 （a）铰刀 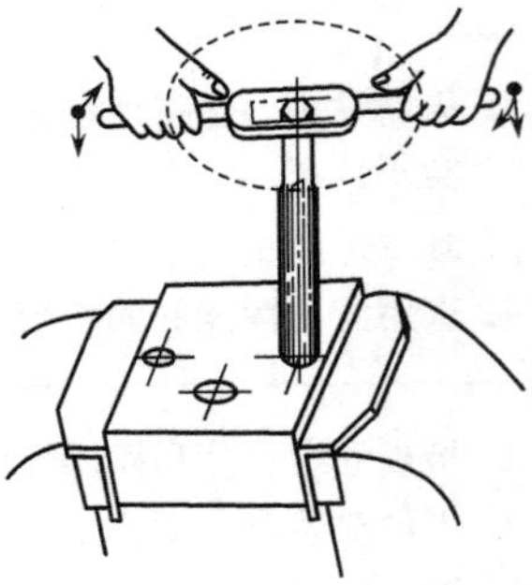 （b）铰孔	铰孔是用铰刀对孔进行精加工的操作。其加工尺寸精度为 IT7～IT6，表面粗糙度 Ra 为 0.8μm。加工余量很小：一般粗铰 0.15～0.5mm；精铰 0.05～0.25mm。 　　铰刀和铰孔时的情形如图（a）和图（b）所示	铰刀是用于铰削加工的刀具。它有手用铰刀（直柄，刀体较长）和机用铰刀（多为锥柄，刀体较短）之分。铰刀比扩孔钻切削刃多（6～12 个），且切削刃前角 $\gamma_0 = 0°$，并有较长的修光部分，因此加工精度高，表面粗糙度小。 　　铰刀多为偶数刀刃，并成对地位于通过直径的平面内，便于测量直径的尺寸。 　　手铰切削速度低，不会受到切削热和振动的影响，是对孔进行精加工的一种好方法	铰孔时铰刀不能倒转，否则，切屑会卡在孔壁和切削刃之间，划伤孔壁或使切削刃崩裂。铰通孔时，铰刀修光部分不可全露出孔外，以免把出口处划伤

2. 各种常用铰刀的特点

各种常用铰刀的结构和特点见表 5-12。

表 5-12　各种铰刀的结构和特点

名　称	图　例	说　明
整体式圆柱铰刀	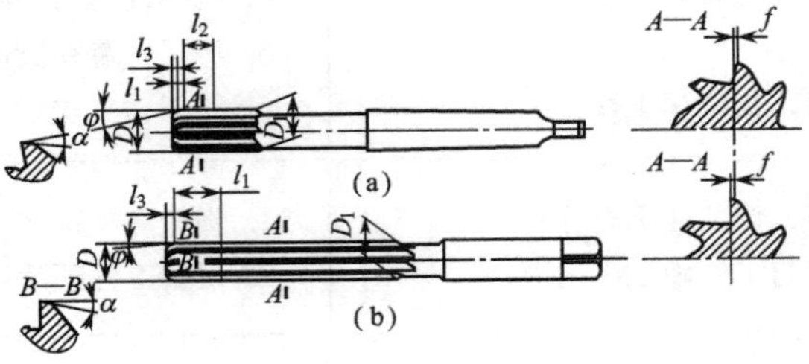 （a） （b）	手铰刀末端为方头，可夹在铰杠内；机铰刀柄部有圆柱形和圆锥形两种
可调节手铰刀	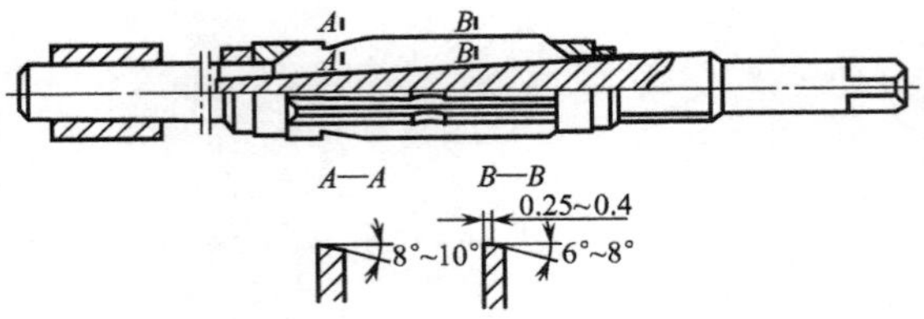 $A—A$　$B—B$ 0.25～0.4 8°～10°　6°～8°	可调节手铰刀的直径可以用螺母调节，多用于单件和修配时的非标准通孔

续表

名　称	图　例	说　明
锥铰刀	A A l L 1:50 $f=0.12\sim0.25$　$A-A$ $\alpha_0=6°\sim20°$ $\gamma_0=0°\sim3°$	锥铰刀用来铰削圆锥孔
螺旋槽手铰刀		螺旋槽手铰刀常用于铰削有键槽的孔，螺旋槽的方向一般为左旋
硬质合金机铰刀	D l L (a) D l L (b)	采用镶片式结构，适用于高速铰削和硬材料铰削

3. 铰孔加工废品产生的原因和预止方法

铰孔加工废品产生的原因和预止方法见表5-13。

表5-13　铰孔加工废品产生原因和预防方法

废品形式	废品产生原因	预防方法
表面粗糙度达不到要求	1. 铰刀不锋利或有缺口； 2. 铰孔余量太大或太小； 3. 切削速度太高； 4. 切削刃上粘有切屑； 5. 铰刀退出时反转，手铰时铰刀旋转不稳； 6. 切削液不充分或选择不当	1. 刃磨或更换铰刀； 2. 选用合理的铰孔余量； 3. 选用合适的切削速度； 4. 用油石将切屑磨去； 5. 铰刀退出时应顺转，手铰时铰刀应旋转平稳； 6. 正确选择切削液，供应充足
孔成多边形	1. 铰削余量太大，铰刀不锋利； 2. 铰削前钻孔不圆； 3. 钻床主轴振摆太大，铰刀偏摆太大	1. 减少铰削余量，刃磨或更换铰刀； 2. 保证钻孔质量； 3. 修理调整钻床主轴旋转精度，正确装夹铰刀

续表

废 品 形 式	废品产生原因	预 防 方 法
孔径扩大	1. 铰刀与孔轴心线不重合； 2. 进给量和铰削余量太大； 3. 切削速度太高，使铰刀温度上升，直径增大	1. 钻孔后立即铰孔； 2. 减少进给量和铰削余量； 3. 降低切削速度，用切削液充分冷却
孔径缩小	1. 铰刀磨损后尺寸变小； 2. 铰刀磨钝； 3. 铰铸铁时加煤油	1. 调节铰刀尺寸或更换新铰刀； 2. 用油石刃磨铰刀； 3. 不加煤油

4. 铰孔加工时的注意事项

（1）工件要夹正，夹紧力适当，防止工件变形，以免铰孔后零件变形部分的回弹，影响孔的几何精度。

（2）手铰时，两手用力要均衡，保持铰削的稳定性，避免由于铰刀的摇摆而造成孔口喇叭状和孔径扩大。

（3）随着铰刀旋转，两手轻轻加压，使铰刀均匀进给，同时不断变换铰刀每次停歇的位置，防止连续在同一位置停歇而造成的震痕。

（4）铰削过程中或退出铰刀时，要始终保持铰刀正转，不允许反转；否则，将拉毛孔壁，甚至使铰刀崩刃。

（5）铰定位锥销孔时，两结合零件应位置正确，铰削过程中要经常用相配的锥销来检查铰孔尺寸，以防将孔铰深。一般用手按紧锥销时，其头部应高于工件表面 2~3mm，然后用铜锤敲紧。根据具体要求，锥销头部可略低或略高于工件平面。

（6）机铰时，要注意机床主轴、铰刀和工件孔三者同轴度是否符合要求。当上述同轴度不能满足铰孔精度要求时，铰刀应采用浮动装夹方式，调整铰刀与所铰孔的中心位置。

（7）机铰结束，铰刀应退出孔外后停机。否则，孔壁有刀痕，退出时孔会被拉毛。

（8）铰孔过程中，按工件材料和铰孔精度要求合理选用切削液。

◇ 学会使用常用攻螺纹、套螺纹的工具。
◇ 了解电动攻丝机。
◇ 掌握攻螺纹和套螺纹的动作要领。
◇ 了解攻螺纹和套螺纹不同工件的加工方法。
◇ 学会螺纹的一般检测方法。
◇ 了解攻螺纹和套螺纹的安全注意事项。

知 识 储 备

　　螺纹传统的加工方法是用丝锥或板牙来进行加工。用丝锥在圆孔内表面加工内螺纹的方法称为攻螺纹；用板牙在圆杆或管子上切削加工外螺纹的方法称为套螺纹。螺纹加工又可分为手工加工和机加工两类。

1. 螺纹概述

（1）螺纹的分类

螺纹的分类方法很多，常见的分类方法有以下几种，如图6-1所示。

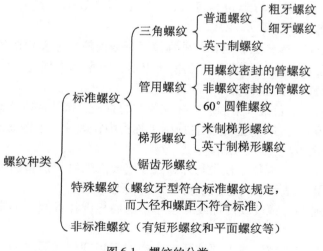

图6-1　螺纹的分类

除图 6-1 中所说明的之外，三角形螺纹又分为粗牙螺纹（用于紧固件）和细牙螺纹（同样的公称直径下，螺距最小，自锁性好，适于薄壁细小零件和冲击变载等场合）；根据螺旋线绕行方向把螺纹分为左旋螺纹（常用于减压阀等）和右旋螺纹（较为普遍）；根据螺旋线头数可分为单头螺纹（$n=1$，用于连接）和双头螺纹（$n=2$）及多线螺纹（$n \geqslant 2$，用于传动）。

（2）普通螺纹要素

螺纹要素有牙型、公称直径、螺距（或导程）、线数、旋向和精度等。螺纹的形成、尺寸和配合性能取决于螺纹要素，只有当内、外螺纹的各要素相同时，才能相互配合。

三角形螺纹的各部分名称如图 6-2 所示。

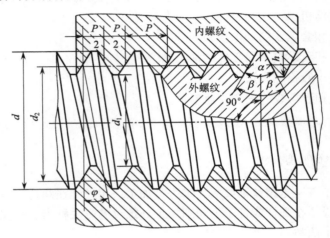

图 6-2　三角形螺纹主要参数

① 牙型角 α。它是在螺纹牙型上两相邻牙侧间的夹角。

② 螺距 P。它是相邻两牙在中径线上对应两点间的轴向距离。

③ 导程 L。它是同一条螺旋线上相邻两牙在中径线上对应两点间的轴向距离。

当螺纹为单线时，导程与螺距相等（$L=P$）；当螺纹为多线时，导程等于螺旋线数（Z）与螺距（P）的乘积，即 $L=ZP$。

④ 螺纹大径 d、D。螺纹大径是指与外螺纹牙顶或内螺纹牙底相切的假想圆柱和圆锥的直径。外螺纹大径用 d 表示，内螺纹大径用 D 表示。国家标准规定，螺纹大径的基本尺寸称为螺纹的公称直径，它代表螺纹尺寸的直径。

⑤ 中径 d_2 或 D_2。中径是一个假想圆柱或圆锥的直径，该圆柱或圆锥的素线通过牙型上沟槽和凸起宽度相等的地方，该假想圆柱或圆锥称为中径圆柱或中径圆锥。同规格的外螺纹中径 d_2 和内螺纹中径 D_2 公称尺寸相等。

⑥ 螺纹小径 d_1、D_1。螺纹小径是与外螺纹牙底或内螺纹牙顶相切的假想圆柱或圆锥的直径。外螺纹小径用 d_1 表示，内螺纹小径用 D_1 表示。

⑦ 顶径。顶径是与外螺纹或内螺纹牙顶相切的假想圆柱或圆锥的直径，即外螺纹的大径或内螺纹的小径。

⑧ 底径。底径是与外螺纹或内螺纹牙底相切的假想圆柱或圆锥的直径，即外螺纹的小径或内螺纹的大径。

⑨ 原始三角形高度 H。是指由原始三角形顶点沿垂直于螺纹轴线方向到其底边的距离。

⑩ 螺纹升角 φ。是指在中径圆柱或中径圆锥上螺旋线的切线与垂直于螺纹轴线平面的夹角。

2. 攻、套螺纹的刀具及辅具

（1）攻螺纹工具及辅具

丝锥是加工内螺纹的工具，有机用丝锥和手用丝锥之分。机用丝锥通常指高速钢磨牙丝锥，其螺纹公差带分为 H1、H2、H3 三种。手用丝锥用碳素工具钢和合金工具钢制造，螺纹公差带为 H4。

① 丝锥的构造

丝锥的构造如图 6-3 所示。丝锥由工作部分和柄部组成。工作部分又包括切削部分和校准部分。

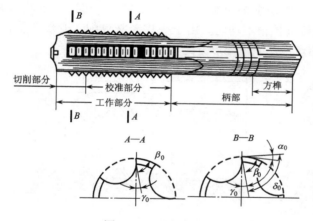

图 6-3　丝锥的构造

丝锥沿轴向开有几条容屑槽，以形成切削部分锋利的切削刃，起主要切削作用。切削部分前角 $\gamma_0 = 8° \sim 10°$，后角铲磨成 $\alpha_0 = 6° \sim 8°$。前端磨出切削锥角，使切削负荷分布在几个刀齿上，使切削省力，便于切入。丝锥校准部有完整的牙型，用来修光和校准已切出的螺纹，并引导丝锥沿轴向前进，后角 $\alpha_0 = 6°$。为了适用于不同工件材料，丝锥切削部分前角可适当增减（见表 6-1）。

表 6-1　丝锥切削部分前角的选择

加工材料	铸青铜	铸铁	硬钢	黄铜	中碳钢	低碳钢	不锈钢	铝合金
前角	0°	5°	5°	10°	10°	15°	15° ~ 20°	20° ~ 30°

丝锥校准部分的大径、中径、小径均有 0.05 ~ 0.12/100（mm）的倒锥，以减小与螺孔的摩擦，从而减小所攻螺孔的扩张量。

为了制造和刃磨方便，丝锥上的容屑槽一般做成直槽。有些专用丝锥为了控制排屑方向，做成螺旋槽，如图 6-4 所示。

加工不通孔螺纹，为使切屑向上排出，容屑槽做成右旋槽，如图 6-4（a）所示。加工通孔螺纹，为使切屑向下排出，容屑槽做成左旋槽，如图 6-3（b）所示。一般丝锥的容屑槽有 3 ~ 4 个。

丝锥柄部有方榫，用以夹持并传递扭矩。

② 成组丝锥切削用量分配

为了减少切削力和延长丝锥的使用寿命，一般将整个切削工作量分配给几支丝锥来担当。通常 M6 ~ M24 的丝锥每组有两支；M6 以下及 M24 以上的丝锥每组有三支；细牙丝锥为两支一组。

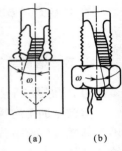

图 6-4 螺旋槽丝锥

成套丝锥中，对每支丝锥切削量的分配有两种方式。

a. 锥形分配，如图 6-5（a）所示。一组丝锥中，每支丝锥的大径、中径、小径都相等，切削部分的切削锥角及长度不等。锥形分配切削量的丝锥也叫做等径丝锥。当攻制通孔螺纹时，用头攻（初锥）一次切削即可加工完毕，二攻（中锥）、三攻（底锥）则用得较少。一组丝锥中，每支丝锥磨损很不均匀。由于头攻经常攻削，变形严重，加工表面粗糙度差。一般只有 M12 以下的丝锥才采用锥形分配。

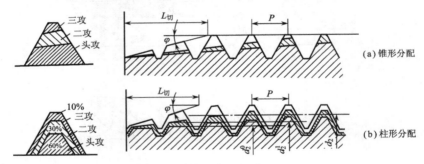

图 6-5 成套丝锥切削量分配

b. 柱形分配，如图 6-5（b）所示。柱形分配切削量的丝锥也叫做不等径丝锥，即头攻（第一粗锥）、二攻（第二粗锥）的大径、中径、小径都比三攻（精锥）小。头攻、二攻的中径一样，但大径不一样；头攻大径小，二攻大径大。这种丝锥的切削量分配比较合理，三支一套的丝锥按顺序为 6：3：1 比例分担切削量，两支一套的丝锥按顺序为 7.5：2.5 比例分担切削量。因此，切削省力，各锥磨损量差别小，使用寿命较长。同时末锥（精锥）的两侧也参加少量切削，所以加工表面粗糙度值较小。一般 M12 以上的丝锥多属于这一种。表 6-2 列出了两种丝锥的主要参数。

表 6-2 单支和成组丝锥的主要参数比较

分　类	适用范围（mm）	名　　称	主偏角 K_r	切削锥长度 l_5
单支和成组丝锥（等径）	$P \leqslant 2.5$	初锥	4°30′	8 牙
		中锥	8°30′	4 牙
		底锥	17°	2 牙

续表

分　类	适用范围（mm）	名　称	主偏角 K_r	切削锥长度 l_5
成组丝锥 （不等径）	$P > 2.5$	第一粗锥	6°	6 牙
		第二粗锥	8°30′	4 牙
		精锥	17°	2 牙

③ 丝锥的种类

丝锥种类很多，钳工常用的有机用、手用普通螺纹丝锥，圆柱管螺纹丝锥，圆锥管螺纹丝锥等。

国家标准 GB3464—83 规定，机用和手用普通螺纹丝锥有粗牙、细牙之分，粗柄、细柄之分，单支、成组之分，等径、不等径之分。此外，还有长柄机用丝锥（GB3465—83）、短柄螺母丝锥（GB967—83）、长柄螺母丝锥（GB3466—83）等。

④ 铰杠

铰杠是手工攻螺纹时用来夹持丝锥的工具，分为普通铰杠（图6-6）和丁字铰杠（图6-7）两种。各类铰杠又可分为固定式和活络式两种。其中，丁字铰杠适用于在凸台旁边或箱体内部攻丝，活络式丁字铰杠用于 M6 以下丝锥，普通铰杠固定式用于 M5 以下丝锥。

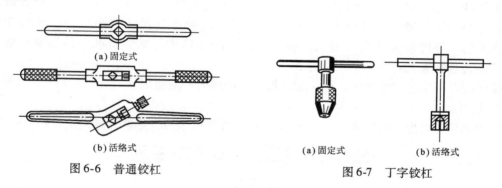

(a)固定式

(b)活络式

图6-6　普通铰杠

(a)固定式　　(b)活络式

图6-7　丁字铰杠

铰杠的方孔尺寸和柄的长度都有一定的规格，使用时应按丝锥尺寸的大小，按表6-3所示范围合理选用。

表6-3　活络铰杠适用范围

铰杠规格	150	225	275	375	475	600
丝锥范围	M5 ~ M8	> M8 ~ M12	> M12 ~ M14	> M14 ~ M16	> M16 ~ M22	M24

（2）套螺纹的刀具及辅具

① 板牙

板牙是加工外螺纹的工具，用合金工具钢或高速钢制作并经淬火处理。

圆板牙的构造如图6-8所示，由切削部分、校准部分和排屑孔组成。板牙本身就像一个螺母，在上面钻有几个排屑孔而形成切削刃。

切削部分是板牙两端有切削锥角（2φ）的部分。它不是圆锥面，而是经过铲磨而成的阿基米得螺旋面，形成后角 $\alpha_0 = 7° \sim 9°$。

　　圆板牙前刀面就是排屑孔，故前角数值沿切削刃变化，如图 6-9 所示。小径处前角 γ_d 最大，大径处前角 γ_{do} 最小。一般 $\gamma_{do} = 8° \sim 12°$，粗牙 $\gamma_d = 30° \sim 35°$，细牙 $\gamma_d = 25° \sim 30°$。锥角一般 $\varphi = 20° \sim 25°$。

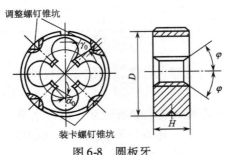
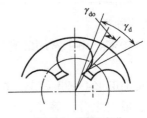

图 6-8　圆板牙　　　　　　　　　　　　　图 6-9　前角变化

　　板牙中间一段是校准部分，也是套螺纹时的导向部分。

　　板牙的校准部分因磨损会使螺纹尺寸变大而超出公差范围。因此，为延长板牙的使用寿命，M3.5 以上的圆板牙的外圆上有一条 V 形槽（如图 6-8 所示），起调节板牙尺寸的作用。当尺寸变大时，将板牙沿 V 形槽方向割出一条通槽，用铰杠上的两个螺钉顶入板牙上的两个偏心锥坑内，使圆板牙缩小，其调节范围为 0.1 ～ 0.5mm。上面的锥坑之所以偏心，是为了使紧定螺钉挤紧时与锥坑单边接触，使板牙尺寸缩小。若在 V 形槽开口处旋入螺钉，还能使板牙尺寸增大。板牙下部两个通过中心的螺钉孔，是用紧定螺钉固定板牙并传递扭矩的。

　　板牙两端面都有切削部分，待一端磨损后，可换另一端使用。

　　② 板牙架

　　板牙架是装夹板牙的工具，如图 6-10 所示。板牙放入后，用螺钉紧固。

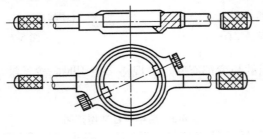

图 6-10　板牙架

3. 攻、套螺纹工艺

（1）攻螺纹底孔直径和不通孔螺纹的钻孔深度的确定

① 攻螺纹底孔直径

攻螺纹底孔直径的大小，根据工件材料不同可按经验公式计算出或查表得出。

经验公式：

钢和韧性材料　　　　　　　　　　　　　　　　$D_{底} = D - P$

铸铁和脆性材料　　　　　　$D_底 = D - (1.05 \sim 1.1)\ P$

式中　$D_底$——底孔直径，mm；

　　　D——螺纹公称直径，mm；

　　　P——螺距，mm。

常用普通公制螺纹攻螺纹底孔直径也可从表 6-4 中查得。

单元 6　攻螺纹与套螺纹

表6-4　攻螺纹前普通公制螺纹钻孔直径

螺纹直径 （mm）	螺距 （mm）	钻孔直径（mm）		螺纹直径 （mm）	螺距 （mm）	钻孔直径（mm）	
		铸铁、黄铜、青铜	钢、可锻铸铁			铸铁、黄铜、青铜	钢、可锻铸铁
2	0.4	1.6	1.6	14	2	11.8	12
	0.25	1.75	1.75		1.5	12.4	12.5
					1	12.9	13
2.5	0.45	2.05	2.05	16	2	13.8	14
	0.35	2.15	2.15		1.5	14.4	14.5
					1	14.9	15
3	0.5	2.5	2.5	18	2.5	15.3	15.5
	0.35	2.65	2.65		2	15.8	16
					1.5	16.4	16.5
4	0.7	3.3	3.3		1	16.9	17
	0.5	3.5	3.5	20	2.5	17.3	17.5
5	0.8	4.1	4.2		2	17.8	18
	0.5	4.5	4.5		1.5	18.4	18.5
					1	18.9	19
6	1	4.9	5	22	2.5	19.3	19.5
	0.75	5.2	5.2		2	19.8	20
					2.5	20.4	20.5
8	1.25	6.6	6.7		1	20.9	21
	1	6.9	7	24	3	20.7	21
	0.75	7.1	7.2		2	21.8	22
10	1.5	8.4	8.5		1.5	22.4	22.5
	1.25	8.6	8.7		1	22.9	
	1	8.9	9				23
	0.75	9.1	9.2				
12	1.75	10.1	10.2				
	1.5	10.4	10.5				
	1.25	10.6	10.7				
	1	10.9	11				

② 不通孔螺纹的钻孔深度

钻孔深度按下式计算：

$$L = l + 0.7D$$

式中　　L——钻孔深度，mm；

　　　　l——螺纹有效深度，mm；

　　　　D——螺纹大径，mm。

（2）套螺纹前的圆杆直径

圆杆直径大小，根据工件材料不同可按经验公式计算出或查表得出。

经验公式：

$$d_{杆} = d - 0.13P$$

式中　　$d_{杆}$——圆杆直径，mm；

　　　　d——螺纹公称直径，mm；

　　　　P——螺距，mm。

板牙套螺纹时的圆杆直径也可从表6-5中查得。

表 6-5　板牙套螺纹时的圆杆直径

粗牙普通螺纹							
螺纹直径 （mm）	螺距 （mm）	螺杆直径（mm）		螺纹直径 （mm）	螺距 （mm）	螺杆直径（mm）	
		最小值	最大值			最小值	最大值
M6	1	5.8	5.9	M16	2	15.7	15.85
M8	1.25	7.8	7.9	M18	2.5	17.7	17.85
M10	1.5	9.75	9.85	M20	2.5	19.7	19.85
M12	1.75	11.75	11.9	M22	2.5	21.7	21.85
M14	2	13.7	13.85	M24	3	23.65	23.8

（3）攻螺纹的操作要领

攻螺纹的操作要领见表6-6。

表 6-6　攻螺纹的操作

内容	操　作　要　领	示　意　图
准备 工作	攻螺纹前螺纹底孔口要倒角，使丝锥容易切入，并防止攻螺纹后孔口的螺纹崩裂。工件的装夹位置要正确，应尽量使螺孔中心线置于水平或垂直位置，其目的是攻螺纹时便于判断丝锥是否垂直于工件平面	 向前 稍后退 继续向前 （a）攻螺纹的方法

续表

内容	操作要领	示意图
用头锥起攻螺纹	起攻时应把丝锥放正，用右手掌按住铰杠中部沿丝锥中心线用力加压，此时左手配合作顺向旋进；或两手握住铰杠两端平衡施加压力，并将丝锥顺向旋进，保持丝锥中心与孔中心线重合，不能歪斜，如图（a）所示。当切削部分切入工件1~2圈时，用目测或用角尺检查来校正丝锥的位置，如图（b）所示。当切削部分全部切入工件时，应停止对丝锥施加压力，只需平稳的转动铰杠靠丝锥上的螺纹自然旋进。经常将丝锥反方向转动1/2圈左右，使切屑碎断后容易排出，避免切屑过长咬住丝锥	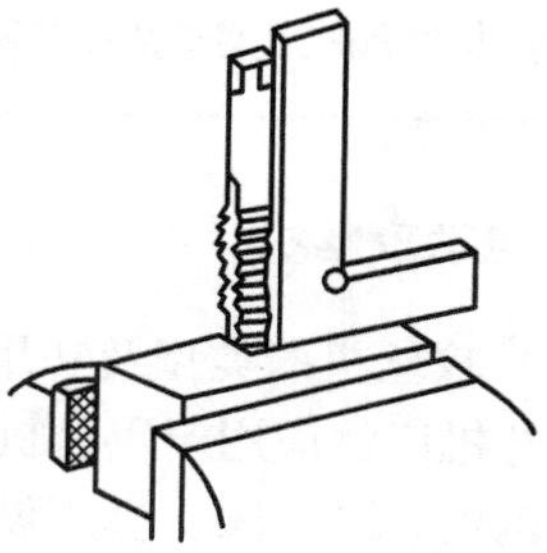
用二锥攻螺纹	先用手将丝锥旋入已攻出的螺孔中，直到用手旋不动时，再用铰杠进行攻螺纹，这样可以避免损坏已攻出的螺纹和防止烂牙	
攻不通孔螺纹	攻不通孔螺纹时，在丝锥上做好深度标记，经常退出丝锥，排除孔中的切屑。当将要攻到孔底时，更应及时排出孔底积屑，以免攻到孔底丝锥被轧住	（b）垂直度的检查
攻通孔螺纹	丝锥校准部分不应全部攻出头，否则会扩大或损坏孔口最后几牙螺纹	
退出丝锥	退出丝锥应先用铰杠带动螺纹平稳地反向转动，当能用手直接旋动丝锥时，应停止使用铰杠，以防铰杠带动丝锥退出时产生摇摆和振动，破坏螺纹表面质量	
攻不同材料工件上螺孔	在攻材料硬度较高的螺孔时，应头锥、二锥交替攻削，这样可减轻头锥切削部分的载荷，防止丝锥折断。攻塑性材料的螺孔时，要加切削液，以减少切削阻力和提高螺孔的表面质量，延长丝锥的使用寿命。一般用机油或浓度较大的乳化液，要求高的螺孔也可用菜子油或二硫化钼等	

（4）套螺纹的操作要领

套螺纹的操作要领见表6-7。

表 6-7 套螺纹的操作

内容	操作要领	示意图
装夹圆杆	圆杆应装夹在用硬木制成的 V 形钳口或原铜板制成的衬垫中，并尽量靠近钳口。主要是因为套螺纹时，切削力矩很大，圆杆不易夹持牢固而出现偏斜和夹出痕迹	
套螺纹操作	开始套螺纹时，应使板牙端面与圆杆垂直，右手握住板牙架中部适当施加压并转动铰杠。当板牙切入圆杆 1～2 圈时，应目测检查和校正板牙的位置。当板牙切入圆杆 3～4 圈时，应停止施加压力，只需平稳地转动铰杠，靠板牙螺纹自然旋进套螺纹。套螺纹时应保持板牙端面与圆杆轴线垂直，避免套出的螺纹两面有深浅，甚至烂牙。为了避免切屑过长，套螺纹过程中板牙应经常倒转	（a）套螺纹时圆杆的倒角 （b）夹紧圆杆的方法
切削液的选择	在钢件上套螺纹时要加切削液，以延长板牙的使用寿命，减小螺纹的表面粗糙度。一般使用加浓的乳化液或机油，要求较高时用菜子油或二硫化钼	

4. 电动攻丝机

（1）攻丝机的类型及功用

攻丝机广泛应用于重型机械、铁路养路机械、造船、工程机械、汽车制造、锅炉、发电设备、钢构、泵、阀、机床设备、电子电气及其他机械加工行业，攻丝机主要类型有以下几种。

① 手动攻丝机，如图 6-11 所示。有磁力、台式手动攻丝机，攻丝范围 M3～M24。可吸附在垂直面，可攻制不同位置螺纹孔，垂直性好，速度慢，对较软的材料（如铝）不易烂牙。

② 液压攻丝机，如图 6-12 所示。输出扭矩强大，万向摇臂结构，工作范围 1500mm，攻丝范围 M14～M125，适用于大孔径攻丝。

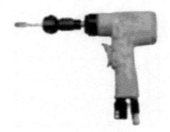

图 6-11　手持攻丝机　　　　　图 6-12　液压攻丝机

③ 气压攻丝机，如图 6-13 所示，用洁净的压缩空气作为动力源，万向摇臂结构，工作范围 1500mm，攻丝范围 M3～M30。

④ 电动攻丝机，如图 6-14 所示，由攻丝专用齿轮减速电动机直接驱动，输出扭矩强

大，具有螺距自动补偿及安全过载保护功能，转速为恒扭矩无级调速，万向摇臂结构，工作范围 1500mm，可加工较大工件不同位置螺纹孔及深孔，攻丝范围 M3 ~ M36。

 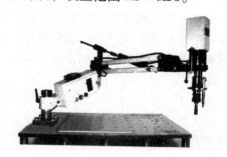

图 6-13　气压攻丝机　　　　　　　　　　图 6-14　电动攻丝机

⑤ 台式攻丝机，如图 6-15 所示，由攻丝专用齿轮减速电动机直接驱动，输出扭矩强大，具有螺距自动补偿及安全过载保护功能，转速为恒扭矩无级调速。其台式攻丝机摇臂型，垂直摇臂结构，工作范围 480mm，攻丝范围 M3 ~ M36；台式攻丝机固定型，垂直固定结构，工作范围 240mm，攻丝范围 M3 ~ M36。

⑥ 小孔攻丝机，具有高频振动可控自动攻丝功能和螺距自动补偿及安全过载保护功能，转速为恒扭矩无级调速，攻丝范围 M0.6 ~ M2.5，广泛应用于航天航空、仪器仪表及钟表等行业微小螺纹孔加工。

⑦ 自动攻丝机，由攻丝专用齿轮减速电动机直接驱动，输出扭矩强大，具有螺距自动补偿及安全过载保护功能，转速为恒扭矩无级调速，采用气动辅助进给装置，无须螺纹靠模机构，具有攻不同直径和螺距螺纹的通用性，使用维护方便简单，可实现全自动攻丝作业，成倍提高生产效率，攻丝范围 M3 ~ M48。

⑧ 管螺纹攻丝机，动力强大，智能化，可加工各种英制、美制管螺纹（米制管螺纹60°），具有效率高、质量好、操作方便，攻丝范围 $\frac{1}{16}$ ~ 6 英寸。

⑨ 梯形螺纹攻丝机，动力强大，智能化，可加工高精度及普通梯形螺纹，比铣削、车削加工生产率提高数倍，攻丝范围 Tr8 × 1.5 ~ Tr52 × 8。

⑩ 电动磁力攻丝机，如图 6-16 所示，由攻丝专用齿轮减速电动机直接驱动，输出扭矩强大，具有螺距自动补偿及安全过载保护功能，转速为恒扭矩无级调速，可吸附在工件上对不同位置螺纹孔进行加工，攻丝范围 M3 ~ M48。

图 6-15　台式攻丝机　　　　　　　　　　图 6-16　电动磁力攻丝机

（2）电动攻丝机的优点

① 直接使用 220V 电源作为动力，使用维护可靠、方便。

② 输出动力强大稳定，塑性好，转速为恒扭矩无级调速。

③ 具有螺距自动补偿及安全过载保护功能。

④ 所有型号均配有深度控制系统，攻丝→至预置深度→自动反转，轻松解决盲孔攻丝及深度控制难题。

⑤ 可加工较大工件不同位置螺纹孔及深孔。

（3）电动攻丝机的操作规程

① 打开电源开关。

② 操作员在操作过程中不允许戴手套。

③ 进行开机测试，观察钻头或丝锥的旋转方向是否正确。

④ 进行首件测试，若所钻、攻的工件的尺寸合乎标准，方可进行生产。

⑤ 操作员在操作过程中要注意，手执工件的位置要远离钻头或丝锥约 10cm，避免钻头伤及手指。

⑥ 操作员在操作过程中要对钻头或丝锥进行刷油，以保证工件质量。

⑦ 未完成之工件与已完成工件要分开摆放，完工后的工件要放在待验区。

⑧ 操作员在生产过程中若发现钻床或攻丝机出现问题，要及时通知机修进行修理。

⑨ 操作员在操作完工后要先关掉电源，然后对设备进行清洁。

5. 三角螺纹的检测

测量螺纹的主要参数有螺距、大径、小径和中径的尺寸，常见的测量方法有单项测量法和综合测量法两种。

（1）单项测量法

① 测量大径。由于螺纹的大径公差较大，一般只需用游标卡尺测量即可。

② 测量螺距。在车削螺纹时，螺距的正确与否，从第一次纵向进给运动开始就要进行检查。可使第一刀在工件上划出一条很浅的螺旋线，用钢直尺、游标卡尺或螺距规进行测量，如图 6-17 所示。

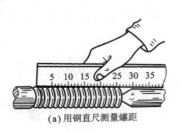 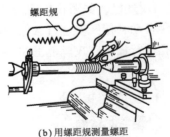

(a) 用钢直尺测量螺距　　　　(b) 用螺距规测量螺距

图 6-17　螺距测量

③ 测量中径

a. 螺纹千分尺测量。三角形螺纹的中径可用螺纹千分尺测量，如图 6-18 所示。螺纹千分尺的结构和使用方法与一般千分尺相似，其读数原理也与一般千分尺相同，只是它有两个可以调整的测量头（上测量头、下测量头）。在测量时，两个与螺纹牙型角相同的测量头正好卡在螺纹牙侧，这时千分尺读数就是螺纹中径的实际尺寸。

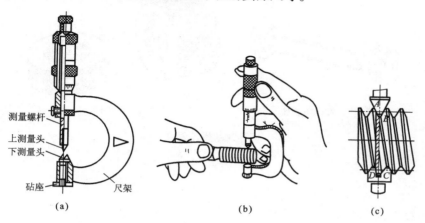

图 6-18　三角螺纹中径的测量

b. 三针测量。用三针测量外螺纹中径是一种比较精密的测量方法。测量时所用的 3 根圆柱形量针是由量具厂专门制造的。在没有量针的情况下，也可用 3 根直径相等的优质钢丝或新的钻头柄部代替。测量时，把 3 根量针放置在螺纹两侧相对应的螺旋槽内，用千分尺量出两边量针之间的距离 M，如图 6-19 所示。根据 M 值可以计算出螺纹中径的实际尺寸。

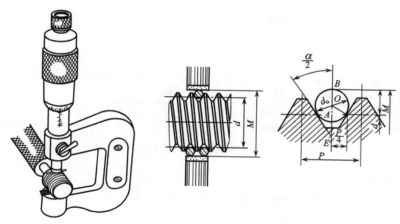

图 6-19　三针测量螺纹中径

（2）综合测量

综合测量法是采用螺纹量规对螺纹各主要部分的使用精度同时进行综合检验的一种测量方法。这种方法效率高，使用方便，能较好地保证互换性，广泛用于对标准螺纹或大批量生产螺纹时的测量。

螺纹量规包括螺纹环规和螺纹塞规两种，每一种螺纹量规又有通规和止规之分，如图 6-20 所示。测量时，如果通规刚好能旋入，而止规不能旋入，则说明螺纹精度合格。对于精度要求不高的螺纹，也可以用标准螺母和螺栓来检验，以旋入工件时是否顺利和旋入后的松动程度来确定加工出的螺纹是否合格。

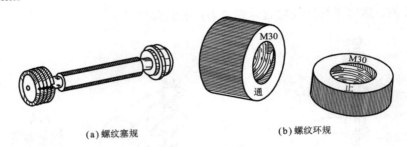

(a) 螺纹塞规　　　　　　　　　　　　(b) 螺纹环规

图 6-20　螺纹量规

1. 练习攻螺纹

攻螺纹图样如图 6-21 所示。

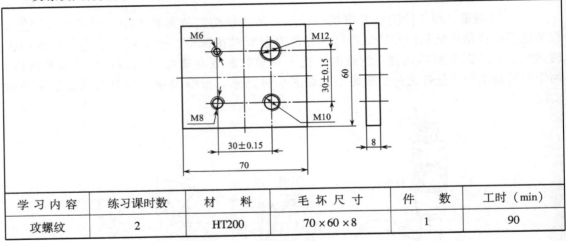

学习内容	练习课时数	材　　料	毛坯尺寸	件　　数	工时（min）
攻螺纹	2	HT200	70×60×8	1	90

图 6-21　图样

攻螺纹的步骤：

（1）按图划出 M12、M10、M8、M6 底孔加工线。

（2）钻 M12、M10、M8、M6 底孔。

（3）各孔两端孔口倒角。

（4）攻丝 M10、M8、M6 穿，攻 M12 深 15。

　攻螺纹注意事项

（1）攻螺纹前，应先在底孔孔口处倒角，其直径略大于螺纹大径。

（2）开始攻螺纹时，应将丝锥放正，用力要适当。

（3）当切入 1～2 圈时，要仔细观察和校准丝锥的轴线方向，要边工作、边检查、边校准。当旋入 3～4 圈时，丝锥的位置应正确无误，转动铰杠丝锥将自然攻入工件，决不能对丝锥施加压力；否则，将破坏螺纹牙型。

（4）工作中，丝锥每转1/2 ~ 1圈时，丝锥要倒转1/2圈，将切屑切断并挤出。尤其是攻不通孔螺纹孔时，要及时退出丝锥排屑。

（5）当更换后一支丝锥再二攻丝时，要用手旋入至不能再旋入时，再改用铰杠夹持丝锥工作。

（6）在塑料上攻螺纹时，要加机油或切削液润滑。

（7）将丝锥退出时，最好卸下铰杠，用手旋出丝锥，保证螺孔的质量。

2. 练习套螺纹

套螺纹图样如图6-22所示。

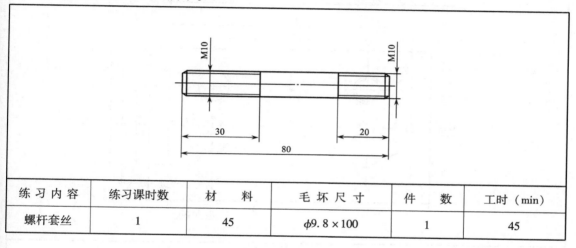

练习内容	练习课时数	材 料	毛 坯 尺 寸	件 数	工时（min）
螺杆套丝	1	45	φ9.8×100	1	45

图6-22   图样

套螺纹的步骤：

（1）看夹紧圆杆是否夹紧。

（2）套丝M10，套螺纹过程中注意螺纹是否烂牙，是否歪斜。

 套螺纹注意事项

（1）套螺纹前，圆杆端部应倒成15°~20°的锥角，圆杆直径应稍小于螺纹大径的尺寸，以便板牙切入，且螺纹端部不出现锋口。

（2）圆杆应衬在木板或其他软垫中，在台虎钳中夹紧。套螺纹部分伸出尽量短。

（3）套螺纹开始时，板牙要放正。转动板牙架，压力要均匀，转动要慢，并观察板牙是否歪斜。板牙旋入工件切出螺纹时，只转动板牙架，不施加压力。

（4）板牙转动1圈左右时要倒转1/2圈进行断屑和排屑。

（5）在钢件上套螺纹时要加切削液润滑，使切削省力，保证螺纹质量。

1. 加工螺纹零件图（图6-23）

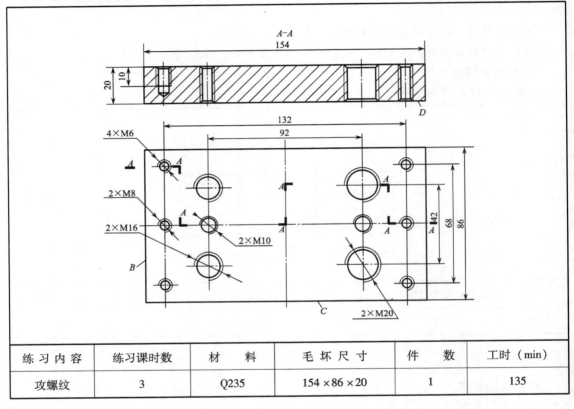

练习内容	练习课时数	材 料	毛坯尺寸	件 数	工时（min）
攻螺纹	3	Q235	154×86×20	1	135

图6-23　零件图

2. 攻螺纹步骤

（1）修整零件的基准面，去除毛刺。

（2）按工序图上的孔距要求，在零件上划出各孔的中心线，用游标卡尺做复检。

（3）使用样冲在孔的中心线上打眼，用划规按各个孔的要求划圆。钻大孔时，为使孔不易偏斜应划几个检查的圆线，并将中心样冲眼打大，以便准确地落钻。

（4）按攻螺纹底孔要求钻孔，并在其他材料上试钻。

（5）准备好夹具、量具和辅助用具。

（6）根据工件的定位要求正确装夹工件。

（7）按图样要求和工序卡的顺序进行钻孔加工。

（8）按图样要求攻螺纹。

3. 攻螺纹加工质量评价

攻螺纹加工质量评价见表6-8。

表 6-8　攻螺纹评分表

类型	项次	项目与技术要求	配分	评定方法	实测记录	得分
过程评价 40%	1	能熟练识读攻螺纹加工图样	10	否则扣10分		
	2	能正确制订螺纹加工工艺路线	10	每错一项扣2分		
	3	能正确选用相关工、量、刃具	5	每选错一样扣1分		
	4	操作熟练、姿势正确	5	发现一项不正确扣2分		
	5	安全文明生产、劳动纪律执行情况	10	违者扣10分		
加工质量评价 60%	1	划线是否正确	10	偏差大于0.3mm扣2.5分×4		
	2	冲眼大小、位置	10	总体评定		
	3	矫正是否正确	5	不正确不得分		
	4	浅坑与划线圆周线的同轴度	15	不同轴度偏差太大扣3分×6		
	5	M6，M8，M10，M16，M20	20	不准每个扣2.5分		

单元7　钳工综合训练

训练目标

◇　能在规定时间内完成典型零件的钳工制作。

◇　加工零件能达到图纸技术要求。

项目 1　六角螺母制作

1. 备料图（图 7-1）

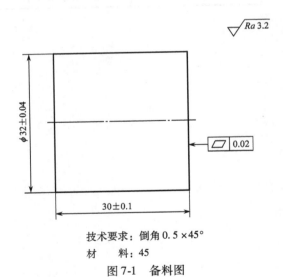

技术要求：倒角 0.5 × 45°

材　　料：45

图 7-1　备料图

单元 7 钳工综合训练

2. 六角螺母制作零件图（图 7-2）

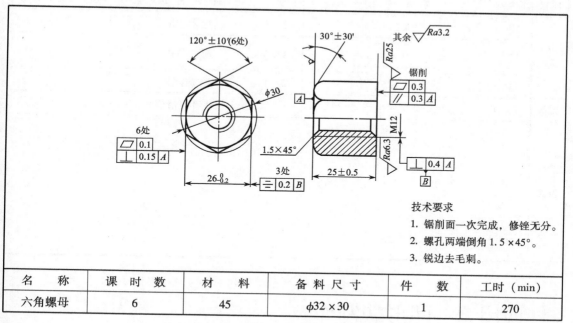

技术要求
1. 锯削面一次完成，修锉无分。
2. 螺孔两端倒角 1.5×45°。
3. 锐边去毛刺。

名 称	课 时 数	材 料	备料尺寸	件 数	工时（min）
六角螺母	6	45	φ32×30	1	270

图 7-2 零件图

3. 检测评分表

姓名_____   班级_____   台位号_____   总得分_____

项目	序号	考 核 要 求	配分	评 分 标 准	实测结果	得分
锯削	1	25±0.5	6	每超差 0.1 扣 3 分		
	2	▱ 0.3	3	超差全扣		
	3	∥ 0.3 A	3	超差全扣		
	4	▽Ra25	2	超差合扣		
锉削	5	26₋₀.₂⁰（3处）	6×3	每超差 0.1 扣 3 分		
	6	120°±10′（6处）	3×6	超差全扣		
	7	▱ 0.1 （6处）	2×6	超差全扣		
	8	⊥ 0.15 A （6处）	2×6	超差全扣		
	9	⏥ 0.2 （3处）	3×3	超差全扣		
	10	▽Ra3.2 （6处）	1×6	超差全扣		
	11	30°±30′	3	超差全扣		

续表

项目	序号	考 核 要 求	配分	评 分 标 准	实测结果	得分
攻丝	12	M10	2	烂牙全扣		
	13	⊥ 0.1 A	4	超差全扣		
	14	1.5 ×45°	2	超差全扣		
其他	15	安全文明生产		违者视情节扣 1～10 分		
备注						

项目 **2**　凹形块制作

1. 备料图（图 7-3）

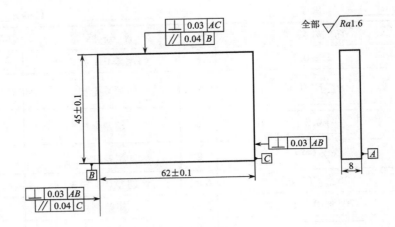

锐边去毛刺

名　称	材　料	比　例	数　量
备料图	Q235	1∶1	

图 7-3　备料图

2. 凹形块制作零件图（图7-4）

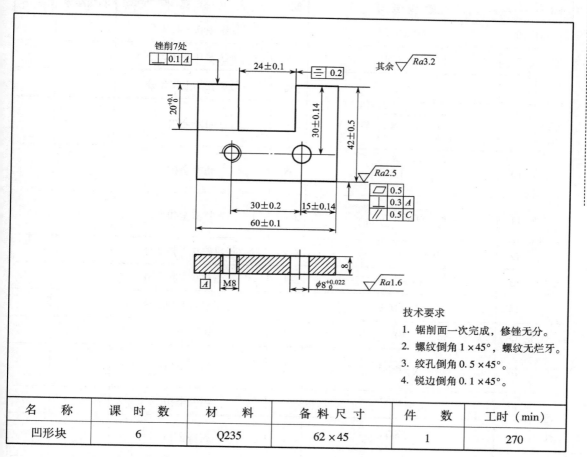

技术要求
1. 锯削面一次完成，修锉无分。
2. 螺纹倒角 1×45°，螺纹无烂牙。
3. 铰孔倒角 0.5×45°。
4. 锐边倒角 0.1×45°。

名　　称	课 时 数	材　　料	备料尺寸	件　　数	工时（min）
凹形块	6	Q235	62×45	1	270

图 7-4　零件图

单元 7　钳工综合训练

3. 检测评分表

姓名_____　　班级_____　　台位号_____　　总得分_____

项目	序号	考 核 要 求	配分	评 分 标 准	实测结果	得分
锯削	1	42±0.5	6	每超差0.1扣3分		
	2	▱ 0.3	3	超差全扣		
	3	⊥ 0.3 A	3	超差全扣		
	4	∥ 0.5 B	3	超差全扣		
	5	√Ra25	2	超差全扣		

金属加工与实训(钳工实训)

续表

项目	序号	考核要求	配分	评分标准	实测结果	得分
锉削	6	60 ± 0.1	6	每超差 0.1 扣 3 分		
	7	24 ± 0.1	6	每超差 0.1 扣 3 分		
	8	$20^{+0.1}_{0}$	6	每超差 0.1 扣 3 分		
	9	⊥ | 0.1 | A (7 处)	2×7	超差全扣		
	10	= | 0.2	6	超差全扣		
	11	√Ra3.2 (7 处)	2×7	超差全扣		
钻孔	12	30 ± 0.14 (2 处)	4×2	每超差 0.1 扣 2 分		
	13	15 ± 0.14	4	每超差 0.1 扣 2 分		
	14	30 ± 0.2	4	每超差 0.1 扣 2 分		
攻丝	15	M8	2	烂牙全扣		
	16	√Ra6.3	2	超差全扣		
铰孔	17	$\phi8^{+0.022}_{0}$	2	超差全扣		
	18	√Ra1.6	2	超差全扣		
其他	19	技术倒角(3 处)		超差全扣		
	20	安全文明生产		违者视情节扣 1～10 分		
备注						

项目 3　90°夹块制作

1. 备料图（图 7-5）

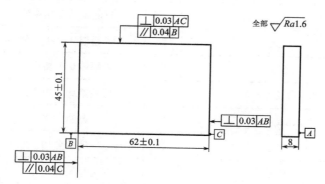

锐边去毛刺

名　称	材　料	比　例	数　量
备料图	Q235	1∶1	

图 7-5　备料图

2. 90°夹块制作零件图（图 7-6）

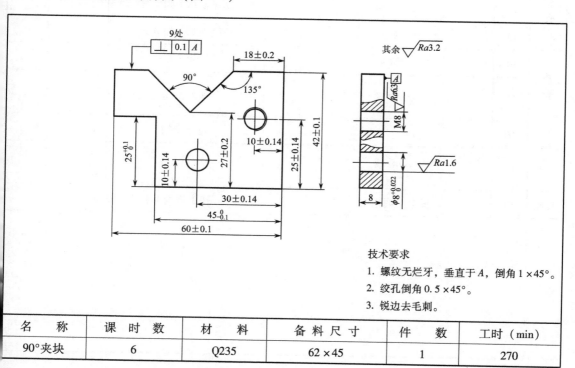

技术要求

1. 螺纹无烂牙，垂直于 A，倒角 1×45°。
2. 绞孔倒角 0.5×45°。
3. 锐边去毛刺。

名　称	课　时　数	材　料	备料尺寸	件　数	工时（min）
90°夹块	6	Q235	62×45	1	270

图 7-6　零件图

3. 检测评分表

姓名_____ 班级_____ 台位号_____ 总得分_____

项目	序号	考 核 要 求	配分	评 分 标 准	实测结果	得分
锉削	1	60 ± 0.1	5	每超差 0.1 扣 3 分		
	2	$42_{-0.1}^{\ 0}$	8	每超差 0.1 扣 4 分		
	3	$27_{\ 0}^{+0.1}$	8	每超差 0.1 扣 4 分		
	4	$25_{-0.1}^{\ 0}$	6	每超差 0.1 扣 3 分		
	5	27 ± 0.2	6	每超差 0.1 扣 2 分		
	6	18 ± 0.2	2	超差全扣		
	7	$135° \pm 5'$	5	超差全扣		
	8	$90° \pm 5'$	5	超差全扣		
	9	⊥ | 0.04 | A （9处）	2×9	超差全扣		
	10	√Ra3.2 （9处）	1×9	超差全扣		
钻孔	11	10 ± 0.14 （2处）	4×2	每超差 0.1 扣 2 分		
	12	25 ± 0.14	4	每超差 0.1 扣 2 分		
	13	30 ± 0.14	4	每超差 0.1 扣 2 分		
攻丝	14	M8	4	烂牙全扣		
	15	√Ra6.3	2	超差全扣		
铰孔	16	$\phi 8_{\ 0}^{+0.022}$	4	超差全扣		
	17	√Ra1.6	2	超差全扣		
其他	18	安全文明生产		违者视情节扣 1～10 分		
备注						

项目 **4**　定位块制作

1. 备料图（图 7-7）

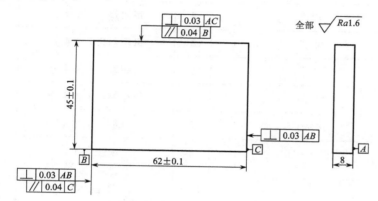

锐边去毛刺

名　　称	材　　料	比　　例	数　　量
备料图	Q235	1 : 1	

图 7-7　备料图

2. 定位块制作零件图（图 7-8）

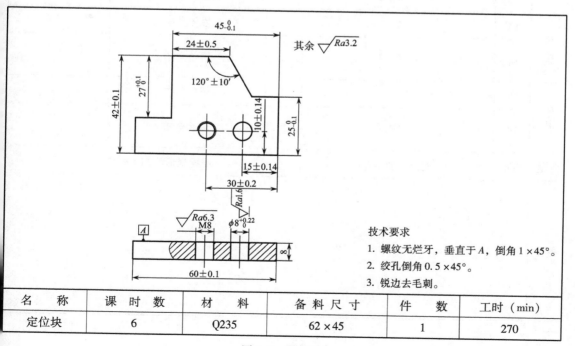

技术要求

1. 螺纹无烂牙，垂直于 A，倒角 1×45°。
2. 绞孔倒角 0.5×45°。
3. 锐边去毛刺。

名　　称	课 时 数	材　　料	备料尺寸	件　　数	工时（min）
定位块	6	Q235	62×45	1	270

图 7-8　零件图

金属加工与实训（钳工实训）

3. 检测评分表

姓名＿＿＿＿＿＿　　班级＿＿＿＿＿＿　　台位号＿＿＿＿＿＿　　总得分＿＿＿＿＿＿

项目	序号	考核要求	配分	评分标准	实测结果	得分
锉削	1	60 ± 0.1	8	每超差 0.1 扣 4 分		
	2	$42_{-0.1}^{0}$	8	每超差 0.1 扣 4 分		
	3	$45_{-0.1}^{0}$	8	每超差 0.1 扣 4 分		
	4	$25_{0}^{+0.1}$	8	每超差 0.1 扣 4 分		
	5	27 ± 0.2	8	每超差 0.1 扣 4 分		
	6	24 ± 0.5	2	超差全扣		
	7	$120° \pm 10'$	6	超差全扣		
	8	⊥ 0.1 A （8处）	2×8	超差全扣		
	9	▽Ra3.2 （8处）	1×8	超差全扣		
钻孔	10	15 ± 0.14	4	每超差 0.1 扣 2 分		
	11	10 ± 0.14 （2处）	4×2	每超差 0.1 扣 2 分		
	12	30 ± 0.2	4	每超差 0.1 扣 2 分		
攻丝	13	M8	4	烂牙全扣		
	14	▽Ra6.3	2	超差全扣		
铰孔	15	$8\phi_{0}^{+0.022}$	4	超差全扣		
	16	▽Ra1.6	2	超差全扣		
其他	17	安全文明生产		违者视情节扣 1～10 分		
备注						

项目 5   回转式台虎钳的装配

1. 实训前准备

（1）根据试题、图纸及技术要求，训练前应准备装配用的照明及辅助设施等，如清洗设施、升（降）温设施、平衡设施、吊具、清洗液、油类、润滑脂、棉纱等。

（2）训练件准备。根据试题及图纸中明细表准备全部待装零（部）件。

（3）工、量、刃具和其他准备。由学生根据试题、图纸及技术要求自备，不再列工、量、刃具准备清单。训练过程中，学生寻找用具所用时间计入测试时间。

（4）工、量、刃具和其他准备包括各类扳手、旋具（如一字改锥、十字改锥等）、钳子、手锤、钢刷、毛刷、量具（如游标卡尺等）及其他必备用品。

2. 回转式台虎钳的装配训练

（1）测试时间：240min。

（2）具体测试要求。

① 根据台虎钳装配图（图7-9）及技术要求完成装配；装配完成后进行调整、检测达到图纸及技术要求。

② 图纸及技术要求。

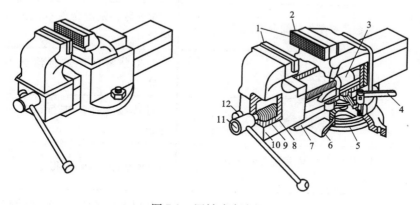

图7-9   回转式台虎钳

（3）回转式台虎钳明细表

序　　号	名　　称	数　　量	备　　注
1	钳口	2	
2	螺钉	4	
3	丝杠螺母	1	
4	旋转手柄	1	

续表

序　号	名　称	数　量	备　注
5	紧固手柄	2	
6	夹紧盘	1	
7	转盘	1	
8	固定钳身	1	
9	挡圈	1	
10	弹簧	1	
11	活动钳身	1	
12	丝杆	1	

3. 检测评分表

姓名＿＿＿＿＿＿　　班级＿＿＿＿＿＿　　台位号＿＿＿＿＿＿　　总得分＿＿＿＿＿＿

序号	考核内容	考核要点	配分	评分标准	扣分	得分
1	准备工作	待装零件准备配套齐全	3	待装件准备不充分不得分		
2		装配工具及设备等准备充分	3	工具及设备准备不充分不得分		
3		待装重要零件及配合件检测	3	重要零件及配合件不检测不得分		
4		对待装零件进行清理	3	对待装零件不进行清理不得分		
5		对待装零件进行清洗	3	对待装零件不进行清洗不得分		
6	装配	按装配技术要求安排好装配顺序	15	装配顺序不正确不得分		
7		装配方法选择合理	10	装配方法选择不合理酌情扣1～10分		
8		调整方法正确	14	调整方法不正确酌情扣1～14分		
9	检验与试运转	台虎钳钳口对口平整	12	不符合要求不得分		
10		台虎钳无其他异响	12	不符合要求不得分		
11		台虎钳转动灵活无阻滞现象	12	转动不灵活有阻滞现象扣4分		

续表

序号	考核内容	考 核 要 点	配分	评 分 标 准	扣分	得分
12	现场考核	安全文明生产	4	违规酌情扣 1~4 分		
13		设备使用正确	3	违规扣除 3 分		
14		各种工、量具的使用正确	3	违规扣除 3 分		
合计			100			
否定项：造成设备严重损坏及人员重伤以上事故，考核全程否定，即按 0 分处理						

参 考 文 献

[1] 陈宏钧. 钳工实用技术. 北京：机械工业出版社. 2007.

[2] 黄志远，王宏伟. 装配钳工. 北京：化学工业出版社. 2007.

[3] 蒋增福. 机修钳工实习与考级. 北京：高等教育出版社. 2005.

[4] 黄涛勋. 钳工（高级）. 北京：机械工业出版社. 2006.

[5] 仲太生. 钳工技能实训. 南京：江苏科学技术出版社. 2006.

[6] 赵光霞. 机械加工技术训练. 北京：高等教育出版社. 2008.

[7] 徐冬元. 钳工工艺与技能训练. 北京：高等教育出版社，2005.

[8] 葛金印. 机械制造技术基础. 北京：高等教育出版社. 2004.